水利水电建筑工程高水平专业群工作手册式系列教材

水生态修复技术实训

主　编　王宏涛
副主编　姜　楠　李　欢　苏阳旭

中国水利水电出版社
www.waterpub.com.cn
·北京·

内 容 提 要

本书为"河流生态修复技术"课程的配套实训教材，结合对水生态修复理论知识的系统学习和梳理，通过理论结合实际的方式，以具体工程案例为研究对象，开展水生态系统结构分析与过程分析、明晰水生态系统功能与价值、开展水生态系统总体规划，并针对河流地貌形态、生态护岸、河道内栖息地加强结构、洄游鱼类保护以及河湖水系连通等内容进行系统阐述，并分项目按照学习目标、重要概念、相关知识、引导问题、工作任务、过程实施和评价反思的逻辑顺序，形成问题引导的工作手册式实训教材。

本书既关注理论学习，又注重案例应用，可为生态修复、河道治理、国土规划等领域设计和管理人员提供借鉴，也可为高等职业教育水生态修复等相关专业学生提供学习参考。

图书在版编目（CIP）数据

水生态修复技术实训 / 王宏涛主编. -- 北京：中国水利水电出版社，2023.10
水利水电建筑工程高水平专业群工作手册式系列教材
ISBN 978-7-5226-0863-1

Ⅰ. ①水… Ⅱ. ①王… Ⅲ. ①水环境－生态恢复－高等职业教育－教材 Ⅳ. ①X171.4

中国版本图书馆CIP数据核字(2022)第126593号

书　　名	水利水电建筑工程高水平专业群工作手册式系列教材 **水生态修复技术实训** SHUISHENGTAI XIUFU JISHU SHIXUN
作　　者	主　编　王宏涛 副主编　姜楠　李欢　苏阳旭
出版发行	中国水利水电出版社 （北京市海淀区玉渊潭南路1号D座　100038） 网址：www.waterpub.com.cn E-mail：sales@mwr.gov.cn 电话：（010）68545888（营销中心）
经　　售	北京科水图书销售有限公司 电话：（010）68545874、63202643 全国各地新华书店和相关出版物销售网点
排　　版	中国水利水电出版社微机排版中心
印　　刷	清淞永业（天津）印刷有限公司
规　　格	184mm×260mm　16开本　7.25印张　200千字
版　　次	2023年10月第1版　2023年10月第1次印刷
印　　数	0001—2000册
定　　价	**31.00元**

凡购买我社图书，如有缺页、倒页、脱页的，本社营销中心负责调换
版权所有·侵权必究

前 言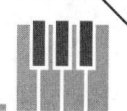

中国式现代化是人与自然和谐共生的现代化,顺应河湖自然规律实施河湖治理管理,是实现中国式现代化的水利应有之义。党的十八大以来,习近平总书记亲自擘画国家"江河战略",深入长江、黄河上中下游各地调研,多次主持召开座谈会,研究部署长江经济带发展、黄河流域生态保护和高质量发展、国家水网建设、南水北调后续工程高质量发展等,为河湖的生态保护提供了方向指导。

水生态修复技术是保障河湖生态系统健康安全的重要支撑,是水利行业高质量发展的重要保障。"水生态修复技术实训"课程是水生态修复技术专业的核心技能课程,注重在借鉴国内外的先进理论和技术的同时,还结合我国的国情、水情和河湖自然特征,构建和发展与生态友好的水生态系统规划设计方法。课程引入了《河湖生态系统保护与修复工程技术导则》(SL/T 800—2020)、《河湖生态保护与修复规划导则》(SL 709—2015)、《河湖健康评估技术导则》(SL/T 793—2020)等生态水利工程技术规程以及水利行业标准及规程。

本实训课程的任务是:教会学生河流生态护岸、地貌形态、河道内栖息地、鱼道、水系连通等典型生态水利工程的形式和构造等基本理论知识,具备辨识河流生态胁迫类型和原因的能力,具有应用生态水利工程技术解决工程初步设计的专业知识,依据设计图进行施工现场技术指导、施工组织管理等能力以及日常运行维护专业技能。该课程以"工程测量""水利工程制图""水力分析与计算""土工技术""水工建筑物"等课程为前导课程。通过本课程的学习,使学生掌握一定的专业技能,具备生态水利工程规划、设计、施工和运行维护等职业岗位能力。

由于作者理论水平和经验限制,本书不足之处在所难免,诚恳期待业界读者批评指正。

编者

2022 年 5 月

目 录

前言

项目1 工作须知 … 1
1 课程性质 … 1
2 课程目标 … 1
2.1 知识目标 … 1
2.2 技能目标 … 2
2.3 方法目标 … 2
2.4 素质目标 … 2
3 工作任务 … 2
3.1 河流概况及建设必要性 … 2
3.2 河道现状问题分析 … 4
3.3 河流生态修复规划思路 … 6
4 组织形式 … 7
5 进程安排 … 7
6 成果要求 … 7
7 参考资源 … 7
8 评价反思 … 8

项目2 水生态系统结构分析 … 9
1 学习目标 … 9
2 重要概念 … 9
3 相关知识 … 9
3.1 河流生态系统空间与时间尺度 … 9
3.2 河道的平面形态 … 10
3.3 河流的纵向形态 … 10
3.4 河流的横断面形态 … 11
3.5 水生态系统组成 … 11
4 引导问题 … 12
5 工作任务 … 12
5.1 河流平面形态分析 … 12
5.2 河流纵向结构分析 … 13

    5.3 河流横断面分析 ·· 13
    5.4 河流生物结构分析 ·· 13
  6 过程实施 ·· 13
    6.1 河流平面形态分析 ·· 13
    6.2 河流纵向结构分析 ·· 14
    6.3 河流横断面分析 ·· 14
    6.4 河流生物结构分析 ·· 14
  7 评价反思 ·· 15

项目3 水生态系统过程分析 ··· 16
  1 学习目标 ·· 16
  2 重要概念 ·· 16
  3 相关知识 ·· 17
    3.1 地貌过程分析 ·· 17
    3.2 水文过程分析 ·· 20
    3.3 物理化学过程分析 ·· 22
    3.4 生物过程分析 ·· 23
    3.5 河流生态系统调查方法 ·· 24
  4 引导问题 ·· 26
  5 工作任务 ·· 27
    5.1 清水河地貌过程分析 ·· 27
    5.2 清水河水文过程分析 ·· 27
    5.3 清水河物理化学过程分析 ·· 27
    5.4 清水河生物过程分析 ·· 27
  6 过程实施 ·· 28
    6.1 清水河地貌过程分析 ·· 28
    6.2 清水河水文过程分析 ·· 28
    6.3 清水河物理化学过程分析 ·· 29
    6.4 清水河生物过程分析 ·· 29
  7 评价反思 ·· 29

项目4 水生态系统功能与价值 ··· 30
  1 学习目标 ·· 30
  2 重要概念 ·· 30
  3 相关知识 ·· 30
    3.1 水生态系统特点 ··· 30
    3.2 生态系统功能 ·· 31
    3.3 生态系统价值 ·· 31
    3.4 人类活动对水生态系统的胁迫效应 ································· 32

4 引导问题 … 33
  5 工作任务 … 33
    5.1 城市化对水生态系统的胁迫作用 … 33
    5.2 水利工程建设对水生态系统的胁迫作用 … 33
    5.3 分析清水河周边的人类活动影响类型及其生态胁迫效应 … 34
  6 过程实施 … 34
    6.1 城市化对水生态系统的胁迫作用 … 34
    6.2 分析清水河周边的人类活动影响类型及其生态胁迫效应 … 35
  7 评价反思 … 35

项目5 水生态系统总体规划 … 36
  1 学习目标 … 36
  2 重要概念 … 36
  3 相关知识 … 36
    3.1 水生态修复内容 … 36
    3.2 修复目标制定 … 37
    3.3 河流生态修复规划的原则 … 38
    3.4 规划尺度 … 38
    3.5 规划范围和规划水平年 … 39
  4 引导问题 … 39
  5 工作任务 … 39
  6 过程实施 … 40
  7 评价反思 … 40

项目6 河流地貌形态修复 … 42
  1 学习目标 … 42
  2 重要概念 … 42
  3 相关知识 … 42
    3.1 河流蜿蜒性 … 43
    3.2 横断面多样性修复 … 46
    3.3 防洪工程布置 … 47
    3.4 改良河床 … 48
  4 引导问题 … 49
  5 工作任务 … 49
    5.1 清水河蜿蜒性修复 … 49
    5.2 清水河河道横断面修复 … 49
  6 过程实施 … 50
    6.1 清水河蜿蜒性修复 … 50
    6.2 清水河河道横断面修复 … 50

  7 评价反思 ··· 51

项目7 生态护岸设计与施工 ··· 52
  1 学习目标 ··· 52
  2 重要概念 ··· 52
  3 相关知识 ··· 52
    3.1 河岸带作用 ··· 52
    3.2 生态护岸建设必要性 ··· 53
    3.3 河岸带缓冲区建设 ··· 53
    3.4 生态护岸技术 ··· 54
  4 引导问题 ··· 70
  5 工作任务 ··· 70
    5.1 清水河适宜河岸带缓冲区宽度计算 ··· 70
    5.2 不同河段生态护岸类型比选及施工技术 ··· 70
  6 过程实施 ··· 70
    6.1 清水河适宜河岸带缓冲区宽度计算 ··· 70
    6.2 不同河段生态护岸类型比选及施工技术 ··· 71
  7 评价反思 ··· 71

项目8 水生态系统栖息地加强结构设计 ··· 72
  1 学习目标 ··· 72
  2 重要概念 ··· 72
  3 相关知识 ··· 72
    3.1 砾石/砾石群 ··· 72
    3.2 树墩 ··· 74
    3.3 堰坝 ··· 74
    3.4 深潭-浅滩序列 ··· 77
  4 引导问题 ··· 79
  5 工作任务 ··· 80
  6 过程实施 ··· 80
  7 评价反思 ··· 81

项目9 洄游鱼类保护 ··· 82
  1 学习目标 ··· 82
  2 重要概念 ··· 82
  3 相关知识 ··· 82
    3.1 溯河洄游鱼类保护 ··· 82
    3.2 降河洄游鱼类保护——拦鱼设施 ··· 90
  4 引导问题 ··· 90
  5 工作任务 ··· 91

  6 过程实施 ·· 91

项目 10 河湖水系连通 ·· 93
  1 学习目标 ·· 93
  2 重要概念 ·· 93
  3 相关知识 ·· 93
    3.1 水系连通胁迫 ·· 93
    3.2 河湖连通性调查 ··· 94
    3.3 连通性分析 ··· 96
    3.4 恢复河湖连通性规划准则和措施 ··· 96
    3.5 恢复连通性工程效果评估 ·· 99
  4 引导问题 ··· 102
  5 工作任务 ··· 102
  6 实施过程 ··· 102
  7 评价反思 ··· 103

参考文献 ··· 104

项目1　工作须知

1　课程性质

水资源短缺、洪涝灾害频繁、水质污染严重和水生态环境退化四大问题制约了我国经济社会的健康和可持续发展。我国践行以水资源的可持续利用支持经济社会可持续发展的治水新思路，促进人与水的和谐共存。生态系统的结构是由生物和生境这两部分组成，前者称为生命系统，后者称为生命支持系统。随着环境科学和生态学的发展，使人们认识到传统意义上的水利工程在满足社会经济发展需求的同时，却在不同程度上忽视了河流生态系统本身的需求，造成对生态系统的胁迫效应，导致河流生态系统不同程度的退化。而河流生态系统的功能退化，也会给人们的长远利益带来损害。在技术层面上，水生态修复是河流可持续发展的必然选择。

水生态修复是指在充分发挥生态系统自修复功能的基础上，采取工程和非工程措施，促使水生态系统恢复到较为自然的状态，改善其生态完整性和可持续性的一种生态保护行动。"水生态修复技术实训"课程是水利工程专业课程体系中的专业核心课程，是以"河流生态修复技术"理论教学为基础，综合运用"水利工程制图""水力分析与计算""水工建筑物""土工技术"等课程知识，结合实际工程案例开展的技能培养和能力拓展。要求在学习河流生态水系生态治理基础理论的基础上，强化实践与理论的结合，掌握生态水系生态调查方法、总体规划设计方法、河流地貌形态修复设计方法、河道内栖息地加强结构设计方法、河流生态护岸设计方法、洄游鱼类工程规划设计方法以及水系连通规划方法，能够合理选择生态水系生态治理方案，并根据河流自然状况和社会经济情况开展有针对性的初步设计。

2　课程目标

在设计过程中，要求学生学会使用信息化资源进行资料搜集和整理，会使用各种规范、标准，学会团队协作、合作探究，并能够利用新型生态工艺开展生态水系建设的创新设计，以期为今后的工作奠定良好的基础和生态保护意识以及技术创新意识。

2.1　知识目标

（1）掌握河流地貌形态修复设计方法。

（2）掌握河道内栖息地修复设计方法。

(3) 掌握生态护岸的设计方法及施工工艺。

2.2 技能目标

(1) 能进行河流地貌形态的简单设计。
(2) 能开展生态护岸的简单设计。
(3) 能开展生态水系建设设计报告编制。
(4) 能进行生态水系建设的施工组织。

2.3 方法目标

(1) 会使用信息化资源；会使用各种规范、标准。
(2) 会分组学习、合作探究。
(3) 会利用各种生态材料进行生态水系建设的创新设计。

2.4 素质目标

(1) 设计报告规范，符合行业要求。
(2) 绘图清楚、标注规范；计算正确、精度符合要求。
(3) 计算、校核完整，符合要求。
(4) 独立思考，敢于提出不同设计方案。

3 工作任务

本实训以成都清水河生态治理工程为研究对象，学习相关水系基础资料分析方法、河流地貌形态修复技术、生态护岸设计技术等。通过本课程培养学生合理选择生态水系的横断面和纵断面形态修复设计方法、确定适宜的生态护岸类型及工程材料、并综合开展生态水系施工组织工作，胜任水利工程及生态水系建设管理等岗位工作能力。

3.1 河流概况及建设必要性

3.1.1 水系概况

成都市中心城区即绕城高速公路以内总面积 598km²，河流纵横，水网密布，多为灌溉引水渠，这些河流分别属于府河水系、清水河水系、江安河水系、东风渠水系及毗河水系。其中，清水河系走马河正流，走马河为都江堰灌区六大输水干渠之一，自都江堰走马闸分水后至郫县清水河乡两河口分左右两支，左支为磨底河，右支清水河。清水河向东南流经成都市西郊苏坡桥，进入市区后称锦江，亦叫南河，绕城西、城南而流，于安顺桥下汇入府河，全长 73km。南河与府河在成都市区形成"二江抱城"的独特景观。清水河流经成都市二环路西二段以后分为三支：干流叫干河，左支流叫浣花溪，浣花溪与干河汇合后叫南河。右支流叫肖家河。

清水河属人工河道，流域（成都中心城区）所属河流 12 条，绕城高速路以内总长度 99.03km，包括清水河干流计 19.000km，一级支流计 40.483km，二级支流计

14.084km，干支流合计 73.567km。成都市绕城高速清水河大桥下游 1.6km，设有梁江堰分水枢纽、苏坡支渠从梁江堰右岸引水；金牛支渠从梁江堰左岸引水。成都市区段清水河水系如图 1.1 所示。

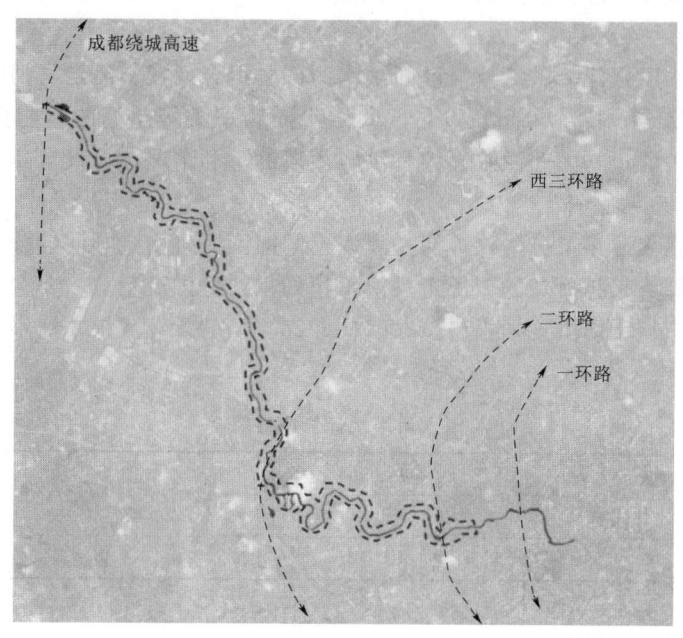

图 1.1　成都市区段清水河水系

3.1.2　水文气象

清水河地处成都平原，属亚热带湿润季风气候区，受西风南支急流及印度洋、太平洋季风的交替影响，加上西部高原及北部秦岭的屏障作用，具有气候温和、四季分明、雨量充沛、冬暖、春早、夏热、温差大、云雾多、无霜期长、日照少、秋季多绵雨等气候特征。

清水河流域属亚热带湿润季风气候区，具有气候温和，四季分明，春季气温回暖早，但不稳定；夏季炎热，多暴雨；秋季降温快，多绵阴雨；冬季干燥，多云雾等特点。据郫县气象站实测资料统计，多年平均降水量为 960.8mm，最大年降水量为 1326.2mm（1961 年）最小年降水量为 665.2mm（1969 年）；多年平均气温 15.8℃。极端最高气温 35.3℃（1972 年 8 月 14 日）；极端最低气温 -5.2℃（1975 年 12 月 15 日）；多年平均水面蒸发量 914.4mm；多年平均相对湿度 83.1%；最大风速 11m/s；最多风向 NE；年日照 1307.2h；多年平均雾日 17.4 天；多年平均霜日 21.5 天。

3.1.3　工程地质

清水河流域（成都中心城区）河段土体具有明显的二元结构。其上部为砂壤土、粉质砂壤土，厚度为 0.5~2.0m，属弱~极弱透水层；下部为砂卵石层，局部夹透镜体细~中砂层。根据邻近工程试验资料表明，其渗透系数一般为 $K = 6 \times 10^{-2} \sim 9 \times 10^{-2}$cm/s，属强透水层。

清水河流域土体上部土层较薄，土质疏松，抗冲能力弱，应予清除。下部卵石层稍密～中密，承载力较高，建议以此作堤基。根据邻近工程原位测试成果表明，不同部位密实程度差异较大，上部砂、砾石含量大的部位，$N120=4～5$ 击/10cm，为稍密结构，含砂量少及卵石含量多的部位，$N120=8～10$ 击/10cm，多为中密～密实结构。

3.1.4 洪水分析

清水河的洪水由岷江分洪流量与区间洪水两部分组合而成。经走马闸进入走马河的岷江分洪流量较为稳定，持续时间长，与区间洪水同频率洪峰遭遇的可能性较大，为安全计，采用岷江分洪流量与区间洪水同频率洪峰遭遇的不利情况计算设计断面的设计洪峰流量，即峰对峰迭加。

由于走马河在聚源镇又分为徐堰河和聚源走马河两支，由走马河的分洪流量扣除徐堰河的分洪流量，即为工程所在的聚源走马河承担的岷江分洪流量。

根据《成都市城市防洪规划报告（2001—2020）》的计算成果，清水河洪水设计流量见表1.1。

表 1.1　　　　　　　　　　清水河洪水计算成果表

断面编号	集雨面积 /km²	$Q_P/(m^3/s)$			备 注
		$P=0.5\%$	$P=1\%$	$P=2\%$	
18—0	79.37	313	286	260	绕城高速桥，基流75m³/s

3.2 河道现状问题分析

清水河是成都市区的主要排洪河，其防洪能力直接关系到四川省、成都军区、成都市党政机关及市区所有政治经济机构的防洪安全。同时，按照四川省水功能区划，清水河中心城区段包括两个开发利用区，以龙爪堰为界，上游部分为农业、工业用水区，下游段为景观娱乐用水区，水质目标均为Ⅲ类。中华人民共和国成立后河道向固定化方向发展，裁弯取直、人工水坝、硬化河床、部分河流改为地下河等工程非常普遍。此类河网变迁极大损害了原有水系的泄洪功能，也使得城市水文格局破坏、滨水区域生态失衡。目前，清水河主要存在防洪标准未达标、水环境恶化和生态退化等问题。

3.2.1 防洪问题

根据四川省人民政府关于《成都市城市防洪规划的批复》（川府函〔2002〕293号），市区防洪标准如下：府河、清水河、沙河为200年一遇。其中，清水河下游的南河、府河城中心段已按200年一遇进行整治并达标。根据《堤防工程设计规范》（GB 50286—2013），堤防工程等别为3等，主要建筑物级别为3级。清水河流域是成都市五大花园居住小区所在地，但该处河段河弯较多，现状过流能力普遍不足20年一遇洪水，河道上存在多处桥、坝、堰等阻水构筑物，严重削弱了河道的过流能力，与其地域的重要性不相符合，急需整治改造，其主要问题如下：

（1）防洪设施建设滞后于城市建设和区域发展的要求：部分河道狭窄、河岸低矮，安全行洪断面不足。

（2）根据现场实际调查，由于清水河规划河段上游前几年的不规范采砂和过度开采，河床下切严重，河床冲淤还未稳定，河道局部地段形成深槽，进一步增大河床横向比降，加剧了倒滩水斜冲堤脚的冲刷能量。

（3）不当的人为活动加大了洪涝灾害的程度。与河争地的错误思想未消，一些开发商随意压缩河道断面的事时有发生。随着城市建设规模的增长，建设用地的增加，城市原有的滞洪能力剧减。

（4）清水河段建有多级闸坝引水枢纽，固定坝高 2～4m 不等，枢纽间距 2～3km。固定坝不仅抬高上游水位，产生 a1 型回水曲线，而且导致上游河床逐渐淤高，减少了有效行洪断面，洪灾日趋频繁。

（5）河道弯多水塞、行洪不畅：城市外围清水河河道存在线形蜿蜒曲折、冲淤多变、岸坡不稳、行洪不畅的突出问题。

3.2.2　水环境问题

自 2008 年至今，成都市逐步修建了十大污水处理厂，并实行截流排污等系列措施进行河流水污染的整治，河流污染情况得以改善，清水河整体水质得到改善。清水河上游部分城乡区域常有生活垃圾或直接入河，或由于未及时清理随雨水渗流进入河道现象发生。部分河道垃圾渣土乱堆乱倒，更因得不到及时清运，存在着垃圾堆、垃圾摊的现象，还有部分小支流处于该区域，公路两边居民还有将生活垃圾倾倒入小支流现象，使得清水河受到了污染。其水环境问题具体如下：

（1）河流沿线农业面源污染，生活污水、工业污水不达标排放。

（2）河流污水收集系统不完善，污水收集和处理能力不足。

（3）河流纳污能力较差。

3.2.3　生态问题

由于清水河地理位置和土壤状况相对较好，生长种植了多种植物，如具有活化石之称的银杏、水杉等，还有杜鹃、天竺葵、橡树、乐昌含笑、蜡梅、女贞、黄果兰及名贵木种如雪松等。在清水河水质较好年份，还有较多种类的鱼种存在。陆上动物有青蛙、蛇、黄鼠狼等多种生物。受人类活动的综合影响，存在的生态问题具体如下：

（1）水质恶化直接影响生物多样性种类及数量。

（2）标准梯形或矩形断面、光滑平顺的硬质护岸、单一的水力条件造成生物的多样性生境锐减。

（3）枯水期生态需水量不足。

3.2.4　景观问题

清水河护岸主要以传统式的立式人工硬质护岸为主，即水面与陆面的平面距离大的护岸类型或者水涨潮落高差较大的护岸形式，阻碍人与河流间的亲密接触，不能够满足城市居民的自然亲水心理。并且由于河道裁弯取直增加了河流径流速度，导致河流自然景观受到损坏。清水河景观问题具体如下：

（1）河流的滨水景观散布，亲水空间未成系统。

（2）景观单一，特色不突出。

3.3 河流生态修复规划思路

3.3.1 规划原则

对清水河进行现场调查分析、科学规划,坚持"民生优先、统筹兼顾、人水和谐、政府主导、改革创新"的原则,注重兴利除害结合、防灾减灾并重、治标治本兼顾,提升防洪能力和河流景观,让城市水系更加完善,水景更加美丽,水韵更加悠长,为梯次推进全域河湖水系建设提供示范和指导作用。

3.3.2 规划范围

根据《成都市全域梯次推进河流水系建设工作方案》的"总体规划、分步实施、分类推进、整体提升"原则,以及"先期开展清水河(金沙湖至浣花溪)20km示范段综合治理,充分发挥金沙湖调蓄丰水期水量,增加主城区枯水期河流供水的功能和作用"的规划方案,确定本次规划范围为浣花溪公园至绕城高速段,长度约18km。

3.3.3 规划内容

(1) 河段划分和功能定位。结合成都市地形、水系、社会经济基础等综合资料,根据清水河河流特性、社会经济状况(表1.2),将河流类型分为三大类:平原区乡野河段、平原区城乡结合段、平原区城区河段。

表1.2　　　　　　　　清水河河段分类及代表断面表

河流类型	河道坡降	功能定位
平原区乡野河段	<5‰	生态保护,生物繁育
平原区城乡结合段	<5‰	生态旅游,休闲娱乐
平原区城区河段	<5‰	防洪保安,文化景观

其中,平原区乡野河段为芙蓉大道公路桥至漏沙堰汇合口,约900m。该河段以自然修复和河流绿色廊道建设为主,突出生物多样性为核心的生态保护,注意河流的缓冲带建设,防止水土流失。主要整治工作包括:恢复河流的蜿蜒性形态,在原有牛轭湖改造为洪水期与主河道相连的周期性湿地,提高蓄洪能力的同时,增加生境多样性。

平原区城乡结合段范围为漏沙堰下游至武青北路桥,该河段约6300m。平原区城乡结合段应在防洪保安和河流生态保护的基础上,满足居民亲近河流、贴近自然的主观需要。

城市段为武青北路桥至苏坡西路桥,主要功能是保持河流廊道连通性及基本健康的前提下,满足城市居民景观休闲的需要,包括两个功能河段:从上游武青北路桥至小梁江堰汇合处,为城市休闲娱乐段,长约2800m。从小梁江堰汇合处至苏坡西路为城市景观段,长约550m。

(2) 乡野河段规划。由于该河段河流坡度较大,约0.0015,流速较快,水力冲刷强,对河道的破坏力较强,在原有牛轭湖开挖新的分洪河道,使其底部高程略低于原有河道高程(20cm),可以有效地进行径流分配,达到增加断面宽度、延长水流流程,从而达到减小河道冲刷的效果。同时,蜿蜒型河流可以构成河流复杂的地貌形态,形成具有地貌多样性特征的河道-河漫滩系统。并且与原有牛轭湖的连通性增强,在洪水期不仅可以蓄洪滞洪,还可以为水生生物提供避难场和产卵场,牛轭湖形成的浅水湾也可以为居民提供充足的亲水空间。

（3）城乡结合段规划。由于该河段位于城乡结合部，人口密度和建设压力远小于城区河段，河流两岸规划保留区宽度较大，有利于实现城乡结合段生态保护，实现居民亲水的基本需求，但由于原有清水河河道的整治中未考虑相应的需求，河道直线化、硬质化和单一化严重，因此，应从平面形态方面考虑在防洪保安和河流生态保护的基础上，满足居民亲近河流、贴近自然的主观需要。

（4）城区河段规划。城市段为苏坡西路桥至武青北路桥，主要功能是在保持河流廊道连通性及基本健康的前提下，满足城市居民景观休闲的需要，包括两个功能河段：从上游武青北路桥至小梁江堰汇合处为城市休闲娱乐段，长约 2800m，从小梁江堰汇合处至苏坡西路为城市景观段，长约 550m。

4　组织形式

按分组研讨和个人设计的方式，结合基础资料学习、教师课程辅导以及利用网络资源和资料查阅开展探究式学习方式，对成都市清水河的总体规划、河流地貌形态、栖息地加强结构、生态护岸等生态治理内容开展设计。

5　进程安排

（1）根据景观地貌分析和社会经济情况开展河流生态系统调查分析，并确定河流生态修复目标。

（2）结合基础资料分析和生态修复目标自行划分河流分段及功能定位。

（3）在不同分段内进行河道岸线和断面布置、河道生态护岸选择以及河道内栖息地建设。

（4）针对现有水利工程胁迫作用开展洄游鱼类保护规划设计。

（5）针对成都市水网结构特性，开展水系连通初步规划。

（6）形成系统河流生态修复方案，完成成果报告和PPT制作，并进行汇报和提交实习成果。

6　成果要求

成果设计需要综合考虑河流防洪蓄水功能、污水处理功能、景观功能、生物多样性等的体现，并注重将河流生物栖息地修复与景观设计相融合，要求每人完成各自负责的任务并提交实训成果一份，进行项目汇报并提交汇报PPT电子版。

7　参考资源

（1）《河湖生态系统保护与修复工程技术导则》（SL/T 800—2020）。

(2)《河湖健康评估技术导则》(SL/T 793—2020)。
(3)《水利水电工程等级划分及洪水标准》(SL 252—2017)。
(4)《河道整治设计规范》(GB 50707—2011)。
(5)《河湖生态保护与修复规划导则》(SL 709—2015)。
(6)《水利水电工程鱼道设计导则》(SL 609—2013)。
(7)《城市水系规划导则》(SL 431—2008)。
(8)《河道演变勘测调查规范》(SL 383—2007)。
(9)《河湖生态环境需水计算规范》(SL/T 712—2021)。
(10)《地表水环境质量标准》(GB 3838—2002)。
(11)《河湖生态缓冲带保护修复技术指南》。

8 评价反思

国家标准及行业规范、导则对水生态修复规划和设计的具体作用有哪些?

项目2 水生态系统结构分析

1 学习目标

掌握水生态系统自然结构和生物结构基本组成。

2 重要概念

（1）生态系统：指在一定空间内，由生物群落与其环境组成的一个整体，各组成要素间依靠物种流动、能量流动、物质循环、信息传递和价值流动而相互联系、相互制约，形成具有自调节功能的复合体。

（2）流域：汇集地表水和地下水的区域，可分为闭合流域和非闭合流域。

（3）水系：河流的干支流构成脉络相通的河道系统。

（4）河长：从河源到河口沿河道的轴线所量得的长度。

（5）河网密度：流域内干支流总长与流域面积之比，即单位面积内干支流河道的长度。

（6）河床：河谷中枯水期水面所占据的谷底部分，又称河槽。按照河床形态可以分为顺直河床、弯曲河床、汊河河床和游荡河床。

（7）廊道：景观中与相邻环境不同的线路或带状结构。

（8）空间尺度：指在研究某一生态现象时所采用的空间单位，同时又可以指某一生态现象或生态过程在空间所涉及的范围。

（9）河流自然栖息地：河道、河滨带和河漫滩构成的生物栖息地。

（10）河漫滩：当出现指定频率的洪水所对应的淹没区域，比如100年一遇洪水（频率为1%）对应的淹没范围。

（11）水生态系统：由河流、护坡等水域及其滨河、滨湖地带组成的生态子系统。

3 相关知识

3.1 河流生态系统空间与时间尺度

水流是水体在重力作用下一种不可逆的单向运动，具有明确的方向。在河流的某一横断面建立笛卡儿坐标系，规定水流的瞬时流动方向为 Y 轴（纵向），在地平面上与水流垂

直方向为 X 轴（侧向），对于地面铅直方向为 Z 轴（竖向）。再按照曲线坐标系的原理，令坐标原点沿河流移动，逐点形成各自的坐标系。另外，定义一个时间坐标 t，以反映生态系统的动态性。这样，就形成了河流 4D 坐标系统，如图 2.1 所示，河流在 X-Y 坐标平面的投影即为河流的平面图；X-Z 坐标平面形成河床横剖面图；Y-Z 坐标平面形成河流的纵剖面图。

3.2 河道的平面形态

河道的平面形态可以分为 5 种类型：顺直微弯型、蜿蜒型、辫状型、网状型和游荡型。前两种类型可以归为单股河道，后三种类型都可以归为分汊型河道。

河段的顺直或弯曲可用弯曲率判断，弯曲率是指沿河流中心线两点之间的长度与这两点间直线距离的比值。当弯曲率为 1.0~1.3 时，称为顺直微弯河道。弯曲率在 1.0~1.05 范围内属于直线型河道，弯曲率在 1.05~1.3 范围内属于微弯型河道，弯曲率在 1.3~3.0 范围内属于蜿蜒型河道（图 2.2），蜿蜒型河道是世界上分布最广的河道形态。

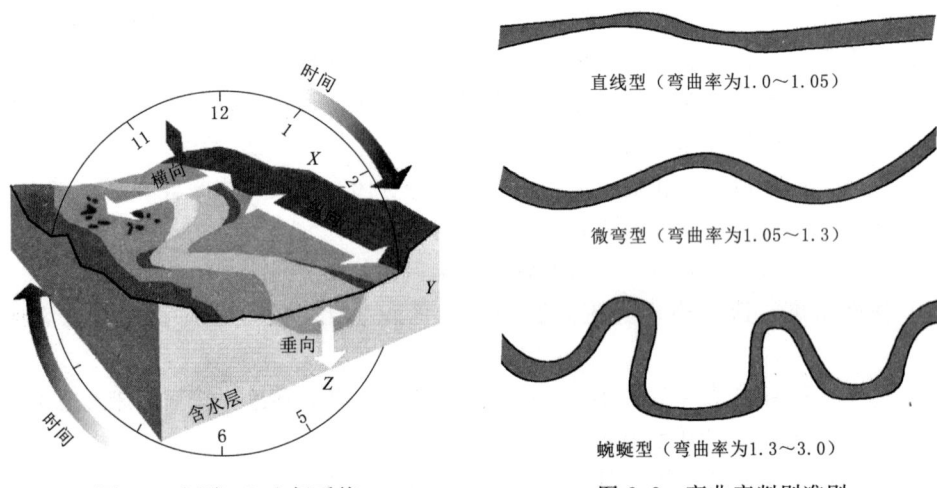

图 2.1 河流 4D 坐标系统　　图 2.2 弯曲率判别准则

3.3 河流的纵向形态

河流的纵剖面是指由河源至河口的河床最低点的连线剖面。河段的纵坡可以用反映河底高程变化的纵坡比降 i 表示。

$$i=(h_1-h_2)/l \tag{2.1}$$

式中：i 为河段纵坡比降；h_1、h_2 分别为河段上下游河底两点高程；l 为河段长度。

河流的纵向结构，从发源地直到河口都有大体相似的分区特征。大型河流的纵剖面可以划分 5 个区域，即河源、上游、中游、下游和河口段。河源以上区域大多是冰川、沼泽或泉眼等，成为河流的水源地。河流的上游段大多位于山区或高原，河床多为基岩和砾石；河道纵坡较为陡峭，纵坡常为阶梯状，多跌水和瀑布；上游段的水流湍急，下切力强，以河流的侵蚀作用为主；因多年侵蚀、冲刷形成峡谷式河床，一些山区溪流经陆面侵蚀携带的泥沙汇入主流并向下游输移。河流中游段大多位于山区与平原交界的山前丘陵和山前平原地区，河道纵坡趋于平缓，下切力不大但侧向侵蚀明显。沿线陆续有支流汇入，流量沿程加大。中游基本以河流的淤积作用为主。由于河道宽度加大，出现河道-滩区格局并形成蜿蜒型河道。河流下游多位于平原地区，河道纵坡平缓，河流通过宽阔、平坦的河谷，流速变缓，以河流的淤积作用为主。河道中有较厚的冲积层，河谷谷坡平缓，河道多呈宽浅状，外侧发育有完好的河漫滩。在河道内形成许多微地貌形态，如沙洲和江心洲等。河流形态依不同自然条件可以发展成蜿蜒型、辫状型或网状型等形态。下游河道稳定性较差，会发展为游荡型河道。在河口地区，由于淤积作用在河口形成三角洲，三角洲不断扩大形成宽阔的冲积平原。河口地带的河道分汊，河势散乱。

3.4 河流的横断面形态

河流的横断面结构由以下3部分组成：河道、河漫滩和高地边缘过渡带（图2.3）。河道多为常年过水，也有季节性过水河道。河漫滩位于河道两侧或一侧，随洪水淹没与消落变化，属于时空高度变动区域。高地边缘过渡带位于河漫滩的两侧或一侧是河漫滩与外部景观的过渡带。

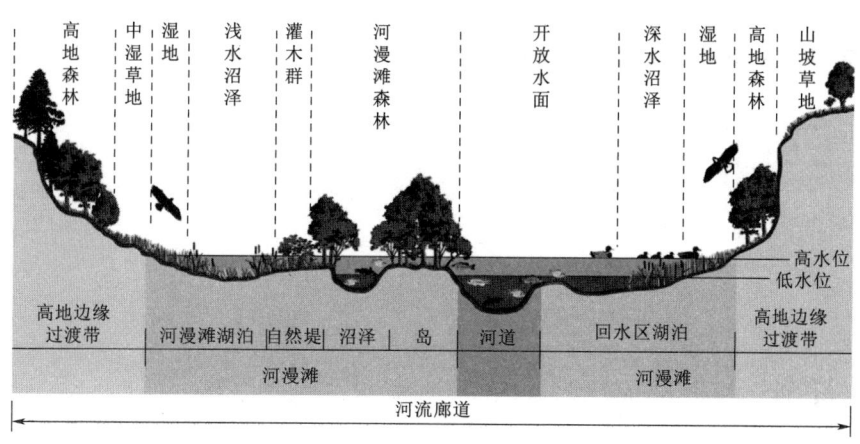

图2.3 河流廊道横断面示意图

3.5 水生态系统组成

水生态系统是由植物、动物和微生物及其群落与淡水、近岸环境相互作用组成的开放、动态的复杂功能单元。一般认为，水生态系统的范围包括河道、河漫滩、湖泊、湖滨带以及湿地沼泽等。水生态系统与其他生态系统相比较，在时空分布上具有高度开放性和动态性的特征。在淡水生态系统中，河流湖泊和湿地是淡水水生生物的主要生境，水是最重要的生境要素。淡水生态系统中的动植物与淡水生境交互作用，形成了特定的结构和功能。

项目 2　水生态系统结构分析

4　引导问题

（1）清水河现有平面形态如何描述？

（2）清水河纵向特征有哪些？

（3）清水河主要横断面结构特点有哪些？

5　工作任务

5.1　河流平面形态分析

通过遥感影像资料，对清水河现有平面形态进行分析，并对典型河段平面形态特征参数进行计算。

5.2 河流纵向结构分析

结合给定河道测量数据,对清水河纵向结构相关参数进行计算分析。

5.3 河流横断面分析

结合给定河道平面测量数据和遥感数据,分析典型河段河流横断面的结构组成和特点。

5.4 河流生物结构分析

通过文献调查和网络资源查找,分析清水河历史和现有情况下主要的水生动物、植物、微生物的组成和生态系统结构特点。

6 过程实施

6.1 河流平面形态分析

(1)通过遥感影像分析历史和现有条件下河流的平面形态步骤。

(2) 清水河主要的平面形态结构有哪些?

6.2　河流纵向结构分析

(1) 清水河纵向比降及计算过程。

6.3　河流横断面分析

(1) 根据上、中、下三个典型断面,分析其具有的河流横断面结构。

(2) 测量各断面河道主槽、河漫滩和高地边缘过渡带宽度。

6.4　河流生物结构分析

(1) 清水河历史和现状主要的水生动物有哪些?

(2) 清水河历史和现状主要的水生植物有哪些？

(3) 清水河历史和现状主要的水生微生物有哪些？

7 评价反思

(1) 地形地貌测量的传统技术和现有技术有哪些？

(2) 河流纵向结构受到哪些人类工程影响？

(3) 学习心得体会有哪些？

项目3 水生态系统过程分析

1 学习目标

掌握河流生态系统过程分析和计算方法，通过历史和现状条件下河流生态系统结构分析，开展清水河河流生态系统过程分析。

2 重要概念

（1）景观格局：空间结构特征包括景观组成的多样性和空间配置。

（2）斑块：景观中的基础单元，泛指与周围环境在外貌或性质上不同，并具有一定内部均质性的空间单元。

（3）廊道：景观中与相邻两边环境不同的线路或带状结构。

（4）基底：景观中分布最广、连续性最大的背景结构。

（5）河床演变：河道在自然情况或受人工干扰时，水流和河床相互作用所发生的冲淤变化过程。

（6）水文情势：水文变量和水文现象等各种水文要素时空变化的态势和趋势。

（7）生态基流：为维持河流基本形态和生态功能、防止河道断流、避免河流水生态系统功能遭受无法恢复的被破坏的河道内最小流量。

（8）富营养化：水体中营养盐类大量积累，引起藻类和其他浮游生物异常增殖，导致水体恶化的现象。

（9）重金属：主要是指汞、镉、铅、锌等生物毒性显著的元素。

（10）生物群落：在一个特定的地区中由多个种群共同组成的、具有一定秩序的集合体。

（11）造床流量：对形成天然河道河床特性及河槽基本尺寸起支配作用、与多年流量过程的综合造床作用相当的特征流量。

（12）平滩流量：为水位与滩唇高程基本相平时对应的流量。

（13）遥感：一种不接触被观测物体而获得其信息的过程和技术方法，基本原理是不同的土地覆盖类型对于不同波长的太阳光或其他形式的电磁波具有不同的反射率，利用这一特征就可以区分不同物体。

（14）地理信息系统：以地理空间数据库为基础，采用地理模型分析方法，适时提供多种空间的、动态的地理信息，为地理研究和地理决策服务的计算机技术系统，是描述、存储、分析和输出空间信息的计算机工具。

（15）全球定位系统：由一系列专用卫星组成，这些卫星围绕地球旋转并向地面发回它的具体空间位置信息，根据这些信息和三角测量学原理，就可以计算出地表任何一点的地理坐标。

3 相关知识

3.1 地貌过程分析

3.1.1 河道演变

水流与河床之间以泥沙为介质的相互作用，使河床形态始终处于变化过程中，这种过程即为河床演变。河床来沙与输沙不平衡引起的河床演变过程，实质上就是水流与河床这一对矛盾的自动调整过程。在一定条件下，这种调整总是朝着力图恢复输沙平衡、使河床变形逐渐终止的方向发展，这一现象称为河流河床自动调整作用，反映了河流自身的适应能力，是制约所有河床演变过程的基本规律。对于河流宽度和长度分别为 B 和 L 的特定河段，当进、出这一特定河段的输沙率不等时，河床就会发生变形，河床演变的基本原理可以用下面的公式来表示：

$$G_i \Delta t - G_0 \Delta t = \rho' BL \Delta y_0 \tag{3.1}$$

式中：G_i、G_0 分别为流入及流出该河段的输沙率；B、L 分别为该河段的宽度及长度；Δy_0 为在时段 Δt 内的河床冲淤厚度，淤积为正，冲刷为负；ρ' 为冲淤物的干密度。河床演变分析的基本内容包括河床形态变化和河势变化分析。河床形态变化主要包括河床形态平面变迁、横断面形态变化、河床组成及河床比降的调整等。河势变化主要包括河道主流线位置、走向以及洲滩的分布与变化态势等。主流线为河槽各断面水流流速最大处的连线，其与河床稳定性直接相关，并且是水流流场的主要特征之一，流场分析是对河流生物栖息地适宜性特征进行分析的重要方面。洲滩分布情况与变化态势直接影响河流生物栖息地的空间格局特征。

3.1.2 河相关系

河流生态修复通常包括对退化河道进行部分或全部重建。河道重建需要确定河道尺寸和治导线确定准则。可以自由扩展的冲积平原河流河床，在水流长期作用下，有可能形成与其具体条件相适应的某种均衡的水力几何形态。这种均衡形态的相关因子（如河宽、水深、比降等）和表达来水来沙条件（如流量、含沙量、粒径等）及河床地质条件的特征物理量之间，常常存在着某种函数关系，这种函数关系称为河相关系。河相关系常常用于确定河道重建的相关参数。河相关系可以用下面的形式表达：

$$\begin{gathered} B = f_1(Q, G, D) \\ h = f_2(Q, G, D) \\ J = f_3(Q, G, D) \end{gathered} \tag{3.2}$$

式中：B 为河宽；h 为平均水深；J 为河流纵比降；Q 为来自上游的流量及其过程；G 为来沙量及其过程；D 为河槽边界条件，包括河床和河岸的物质组成等。

在确定河相关系的过程中，首先需要确定造床流量。造床流量指的是某一个单一流量，在这个流量下的造床作用假定和多年流量过程的综合造床条件作用相等。确定造床流量的方法包括平滩流量法、某一重现期流量法及有效输沙流量法等。平滩流量是河道水位与河漫滩齐平时对应的流量，在该流量下，水流通过泥沙输移、形成或移动沙洲以及形成或改变河流蜿蜒性等过程，形成河道的一般形态特征。对于自然河流，一般情况下平滩流量的重现期大约是1.5年，可以通过洪水频率曲线求得。作为粗略的近似，可暂取重现期为1.5年的洪水流量作为造床流量。

3.1.3 河流系统稳定性

河流地貌过程是泥沙在河流动力作用下被侵蚀、输移和淤积并且塑造河道及河漫滩的过程。多样的河流地貌特征决定了栖息地多样性特征，为生态过程提供了物理基础。

河流生态修复工程规划应保证河流系统的稳定性，既是满足防洪和管理的需要，也是维持栖息地可持续性的需要。如上述，河流系统的调整过程，通常包括河道侵蚀导致的河床降低、河道淤积导致的河床抬高、河道平面形状改变、河道拓宽或缩窄以及输沙量大小变化等。很多河流生态修复措施失败的原因不是结构设计不完善，而是因为设计者没有充分考虑目前的河流形态特点及其未来发展趋势。因此，设计者应对河流过程有全面了解，还要判断特定河段的状态是因局部失稳还是系统性失稳造成的，以使所选择的修复措施与当前及将来的河流状态相协调。

（1）系统性失稳。河流系统的平衡状态会由于许多干扰因素被打破。平衡一旦被打破，河流系统会进行自身调整以谋求平衡。河流系统的调整主要表现为淤积、侵蚀或蜿蜒性等平面形状的改变。根据所受干扰的强度和河床与岸坡材料、水文、地质、泥沙、人类活动等流域特性，河流系统的调整可能会涵盖整个流域。因此，处于平衡状态的河流系统在这种干扰下会产生系统性失稳。如果系统性失稳正在发生或预计将要发生，在制订河流生态修复规划时，应在考虑加固岸坡或建设河流内栖息地之前对系统性失稳问题进行全面分析，并采取相应对策。

在受干扰河流或重建河道中，可根据河道演变所处的阶段，区分河道失稳是局部问题还是系统性问题。当调整发生在流域尺度时，下游河段地貌过程可能以淤积和拓宽为主要特点，而上游河段地貌过程可能以侵蚀和拓宽为主要特点。如果调查范围足够大，更上游处可能处于稳定和干扰前状态。可以利用这种阶段性的序列特点来揭示系统性失稳问题。另外，也可利用河流分类方法中的不同河流类型所组成的序列来判断河流是否处于系统性失稳状态。

（2）局部失稳。局部失稳是指局部性冲刷和淤积现象，没有流域性特征。最常见的局部失稳现象是河流弯曲段凹岸处所产生的自然冲刷现象，以及由于河道缩窄而产生的水流约束处的冲刷现象等。局部失稳问题可通过采取岸坡防护措施解决。另外，在系统性失稳严重的河道中，通常存在多处局部失稳现象，需要采取综合性处理方案。如果仅在特定河段实施了治理措施，而其上游河段稳定但下游河段失稳，则应意识到可能存在系统性失稳问题。

局部失稳通常是由于河道中的堆积物、结构物或朝向上游倾角所引起的水流流向改变所导致的。在中等流量和高流量情况下，这些障碍物通常会引起螺旋流和次生流，从而加剧对河道边界的影响，引起局部河床和岸坡坡脚的冲刷，甚至会导致岸坡失稳。在采用相关控导工程措施时，应参考相关规范，并进行分析论证。对于通常采用的丁坝等河道整治建筑物，《堤防工程设计规范》（GB 50286—2013）规定：丁坝的平面布置应根据整治规划、水流流势、河岸冲刷情况和已建同类工程的经验确定，必要时应通过河工模型试验验证。

（3）河床稳定性。在不稳定河道中，河床高程随时间的变化可用非线性函数表示，以表征特定断面的河床高程变化并预测将来的河床高程。河床稳定性的最常用分析方法是绘制特定断面在不同流量下的河底高程随时间变化曲线。另外，也可通过比较不同时期的深泓线和横断面等河道调查结果来直接反映河道变化情况，并通过长时间序列的观测数据建立回归函数来预测评价河道变化，也可利用一些经验公式计算河床纵向稳定性指标、横向稳定性指标或综合稳定指标等来评价河床稳定状况。还可以利用数值计算方法对河道内的冲刷和淤积情况进行预测分析。

（4）岸坡稳定性。河道岸坡由于受到水流冲刷及土体自身重力，在外界因素综合影响下易发生岸坡坍塌现象。一般而言，河道岸坡的失稳破坏并不是瞬间发生的，而是一个由局部破坏逐渐扩展，最终贯通形成滑面的渐进过程。由于河道岸坡材料本身及外部因素的影响，坡体中的应力分布往往出现局部的应力集中现象，当应力超过材料允许强度时，因其状态不稳定，必然导致局部破坏，而一旦发生局部破坏，必然发生应力释放、应力转移和应力重新调整，而破坏区的邻近区域所受影响最大，该部位可能由于原来的没有超过允许强度值转变为超过允许强度值而发生破坏并发生应力释放，又把多余荷载转移到其他部位。这一过程反复进行，破坏面会不断延伸。当河道岸坡所处地段的河流冲刷作用较强，在发生局部破坏后，坍塌土体很容易被水流冲走，从而导致河床结构重新调整，河道岸坡内的应力状态也会发生相应变化。

3.1.4　地貌过程分析

对于河流生态修复工程中的岸坡稳定分析可从定性分析与定量分析两个方面进行，通过现场调查、照片对比等方式对河流地貌进行的定性和定量评估（图 3.1），可以为其整

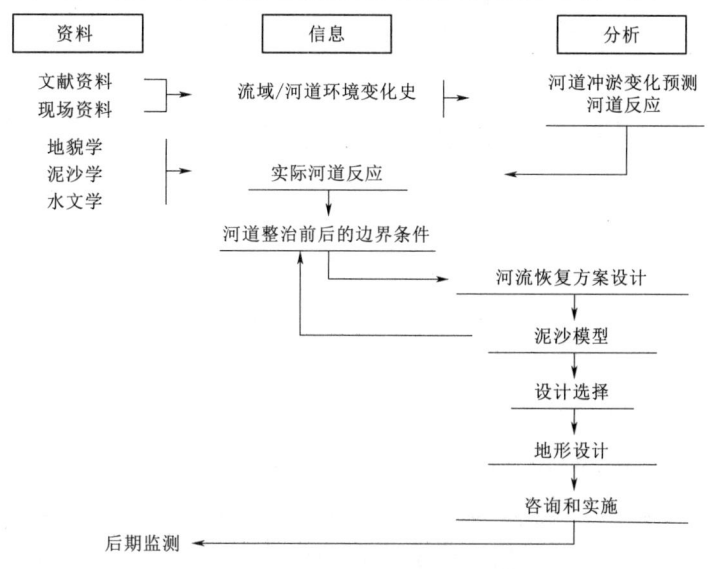

图 3.1　河流地貌过程分析流程图

体稳定性分析提供重要依据，除了可对破坏机理进行识别外，也可对其整体稳定性进行初步判断。对于植被型岸坡稳定状态的定量分析仍可基于抗剪强度和剪应力分析来进行评价，抗剪强度包括土体黏聚力和摩擦力。抗剪强度的确定方法有以下几种：基于根系加筋原理的抗剪强度增量；基于非饱和土理论的抗剪强度增量；基于莫尔强度包络线的抗剪强度增量等。

3.2 水文过程分析

3.2.1 水文过程的生态功能

基于水文过程的生态影响，可以把河流年内水文过程线划分为三种水流组分（图3.2），即低流量过程、高流量过程和洪水脉冲过程。低流量指枯水期的基流；高流量指发生在暴雨期大于低流量且小于平滩流量的流量过程；洪水脉冲指大于平滩流量的流量过程。

三种水流组分均具有不同的生态功能。低流量过程是河流的主要水流条件，它决定了一年中大部分时间内生物可以利用的栖息地数量，对河流的生物量和多样性有着巨大影响。表3.1显示了Tennant1976年所观测的河流中，适于鱼、野生生物和休闲的最小流量。高流量过程不仅奠定了河流的基本地貌形态——河流的宽度、深度和栖息地的复杂性，而且也确定了河流中物种生存所需要的基本条件。洪水脉冲过程是河流生态系统中一种重要的流量过程，它影响着河流生物的丰度和多样性。洪水脉冲为鱼类洄游和产卵提供信号；控制河漫滩植物分布及数量；输送岸边植物种子向下游传播；营养物质在河漫滩沉积以及补充地下水等诸多功能。

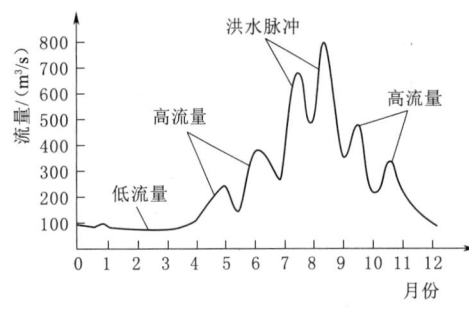

图3.2 自然水文过程的3种水流组分示例

表3.1 Tennant1976年所观测的河流中，适于鱼、野生生物和休闲的最小流量

流量描述	年平均流量的百分比/%	
	枯水期	丰水期
洪流或最大流量	200	
最佳范围	60～100	
极好	40	60
非常好	30	50
好	20	40
中等或差	10	30
差或最小	10	10
严重退化	0～10	

3.2.2 水文过程分析

一个具体河段的定量分析和设计需要进行水文、水力学、泥沙输移、结构稳定等方面的分析计算，并应考虑多个流量和水位条件。某一流量条件下的河流特性不可能代表河流修复工程多种设计条件的影响。图3.3所示为理想化的河流断面及应考虑的各种流量条件。

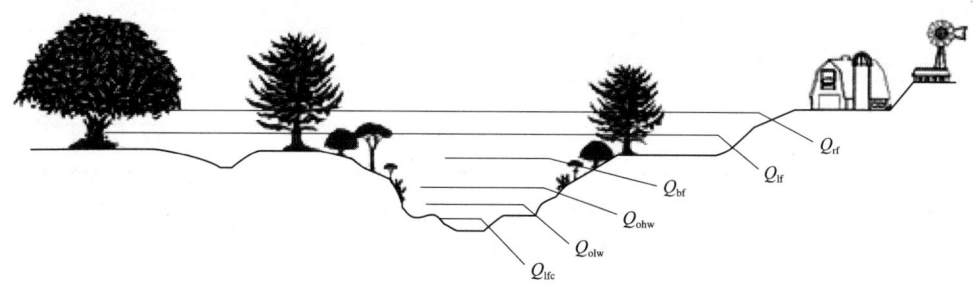

图3.3 河流断面各流量条件分析

在图3.3中，Q_{lfc}为枯水流量，此流量下的过水断面区域通常为水生生物的极限水生条件。在这一流量条件下，可以最小水深作为设计目标。不过，在砂砾石河床底质的河流中，适宜的河道断面应以细颗粒泥沙不发生沉积为标准，否则会引起在河床底质中栖息的生物因窒息而死亡。对此，可采用砂砾起动的极限状态方法来进行分析。Q_{olw}为常枯流量或基流条件（ordinary low water or base flow condition），通常认为Q_{lfc}与Q_{olw}基本一致。Q_{olw}流量条件下的断面边界可再分为生物吸附在底质上或掩埋在底质内的底栖区（benthic zone）和包含水域生物的水生区（aquatic zone），可对Q_{olw}流量条件下的断面区域进行栖息地特征设计。在自然河流中，这一区域内的冲淤变化通常比较剧烈，因此在进行栖息地建设的同时，还应在经济条件允许的条件下进行必要的加固措施。虽然栖息地结构特征的设计是在Q_{olw}流量条件下进行的，但应采用大流量条件下的水力学参数来确定结构稳定性和河岸加固需求。城市化等现象所带来的流域土地利用变化对这一流量有巨大影响。鱼类专家只有在掌握了河流内流量与鱼类栖息、流域水文、栖息地基本性质和鱼类栖息地等关系的基础上，才能对此流量及其有效管理给出适当的建议。在缺乏基本资料的情况下，可参考表3.2进行相关设计。

Q_{ohw}代表正常高水位下的流量，滨水植物一般在常枯水位和正常高水位之间生长，如有必要或设计条件允许，常枯水位以上的河岸可采取有植被的岸坡防护措施。在Q_{ohw}流量条件下，存在泥沙输移问题，特别是冲积型河流。图中Q_{bf}为平滩水位下的平滩流量或造床流量，一般根据河道宽深比进行定义。在平滩水位下，河道宽深比最小。很多情况下，正常高水位和平滩水位是一致的。

表3.2 对应不同栖息地品质的基流量范围

栖息地质量	生态基流量占年均流量百分比	
	枯水期	丰水期
恶劣（Severe Degradatin）	<10%	<10%
较差（Poor or Minimum）	10%	10%

续表

栖息地质量	生态基流量占年均流量百分比	
	枯水期	丰水期
尚可（Fair or Degrading）	10%	30%
良好（Good）	20%	40%
优良（Excellent）	30%	50%
极好（Outstanding）	40%	60%
最适的范围（Optimum Range）	60%～100%	60%～100%

根据地貌学理论，平滩水位下的流域面积、流量或河流断面几何尺寸之间存在着相关关系。在平滩水位下，河道流速一般会逼近最大值。很多观测资料已经证明，在水位上升阶段，水流溢出到河漫滩，横向的动量损失会导致河道水流流速降低。不过，如果河漫滩比较窄或存在大量的行洪障碍，河道水流速度可能随水位升高继续增加。一旦水位超出河岸顶高程，就会大量漫溢到河漫滩，因此流量的增加仅使河道流速稍有增加或没有增加。在这种情况下，可根据平滩水力条件进行河岸防护设计或进行河流内栖息地结构的稳定性分析。

河岸带一般位于平滩水位以上，很少被淹没，是陆生植物与动物的理想栖息地。河边湿地也主要分布在这一区域。在图 3.3 中，Q_{lf} 为淹没河岸带的设计洪水流量，在此情况下可应用洪水综合管理方法进行相关设计。如果在工程规划中考虑河岸带植被，可进行有植被区可能淹没水深及流速的评价，从而指导植物物种的选择。在河流修复工程中，对校核洪水 Q_{rf} 也应给予高度关注，应分析其对河漫滩洪水位的影响。

3.3 物理化学过程分析

一般需收集工程河道或者邻近河道近 3～5 年的系列监测资料，否则需进行水质补充监测。收集或补充监测的指标包括水温、pH 值、SS、DO、氨氮、总氮、总磷、高锰酸盐指数、BOD_5、叶绿素 a、透明度等指标。

河流中水体流动、泥沙运动以及水体温度，为水生生物提供了重要的生境条件。河流水体中的溶解氧是生物呼吸的必要条件。包括氨氮在内的营养物质和金属被水生生物所吸收，经历了复杂的迁移转化，完成物质循环的全过程。

用营养物质浓度指标可以简要评估水体营养状态。经济合作与发展组织（OECD）发布的水体营养状态标准，用总磷（TP）、表示浮游植物生物量的叶绿素 a（Chl a）、塞氏盘深度作为营养状态的评价指标，评价标准见表 3.3。

表 3.3　　　　　水体营养状态评价标准（OECD）

营养状态	平均总磷浓度 /(μg/L)	平均叶绿素 a 浓度 /(μg/L)	最大叶绿素 a 浓度 /(μg/L)	平均塞氏盘深度 SD/m
贫营养状态	<10	<2.5	<8	>6
中度营养状态	10～35	2.5～8	8～25	6～3
富营养状态	>35	>8	>25	<3

3.4 生物过程分析

河流生物过程的研究重点是淡水生物多样性，河流生态系统中生物交互作用包括河流生态系统的能源、河流食物网及其结构，以及河流生物群落格局。

图 3.4 所示为典型溪流横断面中河流食物网。图 3.4 中选择溪流的一个典型断面，表示溪流内和岸边陆地在能源生产中如何形成初级生产力，以及这些能源如何被溪流内不同供食功能组 FFG 所利用。图 3.4 中上方，表示溪流外的能量以及物理、化学物质的输入，包括阳光、水文、温度、营养物和水流。图 3.4 中右侧，岸边植被有落叶、残枝和枯草进入溪流，再加上岩屑形成粗颗粒有机物 CPOM。CPOM 成为碎食者的食物。通过碎食者进食过程，CPOM 变成细颗粒有机物 FPOM。图 3.4 中左侧，通过光合作用自养生物藻类、大型植物和苔藓用无机物生产有机物，进行初级生产。在次级生产阶段，食植者以藻类和大型植物为食，产生出大量的细颗粒有机物 FPOM，同时为捕食者提供食物。图 3.4 中右下侧，刮食者食用 CPOM 生产 FPOM，也为捕食者提供食物。图 3.4 中下部，收集者一方面把 FPOM 进一步磨细，另一方面为捕食者提供食物。捕食者以其他动物为食源，成为供食功能组的终端。

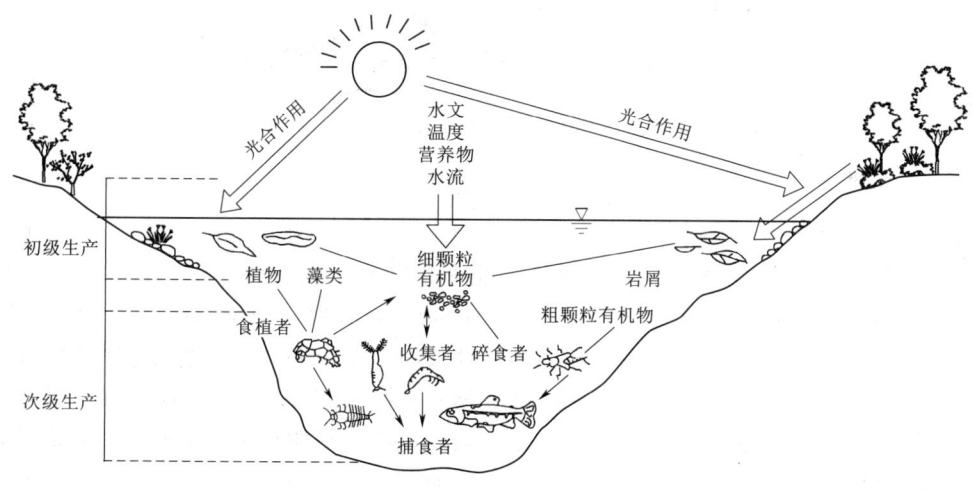

图 3.4　典型溪流横断面中河流食物网

影响群落物种多样性的因素很多，包括水分、生产力、气候、竞争捕食和干扰等。其中，生境的空间异质性对于群落物种多样性具有重要影响。研究表明，空间异质性越高，或者说包括小生境、小气候、避难所和资源类型等越是多样化，越能容纳更多的物种，物种数越高。

R. L. Vannote（1980）提出的河流连续体概念（RCC）是河流生态学发展史中试图描述沿整条河流生物群落结构和功能特征的首次尝试，影响深远。RCC 概念是针对北美温带森林覆盖并未被干扰的溪流，强调了河流生物群落的结构和功能与非生命环境的适应性（图 3.5）。RCC 描述了从源头到河口包括流量、流速、水温、纵坡降等水力因子梯度的连续性。生物群落为适应外界环境的连续变化，也相应沿河形成特有的"生物梯度"。

这种生物梯度是可以识别的，表现为一定种类的物种按照上下游的顺序逐渐被其他物种代替。这样河段或整个水系的生物群落就以一种固定的模式相互连接起来。

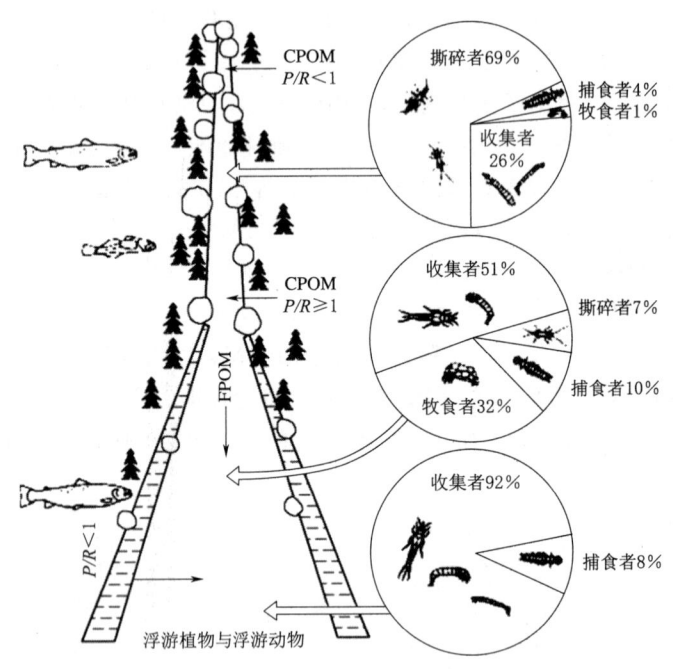

图 3.5 河流连续体概念

RCC 模型分析了沿河水流和地貌条件变化引起的生产力变化，分析了沿河不同河段光合作用与呼吸作用的比率 P/R 变化（Photosynthesis/Respiration）。RCC 模型认为，溪流上游有森林覆盖，接收了大量木质残枝落叶成为营养物来源，加之因遮阴作用减少了自养生产，这样水生态系统的光合作用与呼吸作用的比率 $P/R<1$，反映上游河段呼吸作用起支配作用。在中游河段，河宽增大，水深较浅，光合作用增强，上游进入水流的木质残枝落叶作用相对减弱，$P/R>1$，说明水生生物能够从太阳能获得用于生长繁殖的净能量。

在下游河段水深增加，加之水体浑浊，削弱了光合作用，初级生产明显减少。而上游漂流下来的木质残屑经过碎食者和收集者的加工，已经从粗颗粒有机物（CPOM）变成细颗粒有机物（FPOM），便于食植动物摄食，这导致下游河段 $P/R<1$。

3.5 河流生态系统调查方法

3.5.1 调查内容

河流生态历史和现状调查（表 3.4）是河流生态修复规划的基础工作。在调查的基础上，需要对于各种自然生态因子（河势及其演变、水量、水质、水文情势、河流生态系统结构与功能、生物多样性、生物量等）和各种人为影响因子（流域水资源利用、环境污染、人口增长、城市化进程、水利工程布局等）进行动态综合分析，特别注意人为影响因子与自然生态因子之间耦合-反馈关系，认识人类活动与河流自然演进之间的交互作用。通过对于生态系统结构与功能的历史与现状长时间序列分析，追踪严重干扰前的生态状况，掌握生态系统演进趋势，从过程中发现生态系统在胁迫下退化的症状及其成因。这些成因可能是明显的，也可能是隐含的或者是间接的。胁迫因子可能来源于上游或邻近流域、区域，或者是历史形成的。因此，需要识别主要胁迫因子，有的放矢地采取措施，确定生态修复的重点，比如重点放在水文条件的改善上还是放在栖息地建设上？在水文条件改善方面，是保障生态需水量，还是重点放在污染控制上？或者重点改善水文情势？生态胁迫因子重要性的排序决定相应修复措施的优先次序。总之，开展河流生态状况历史和现状调查，建立监测系统和评估程序，是河流生态修复规划工作的重要组成部分。

表 3.4　　　　　　　　　　　生物和生境现状调查细目

项　目	内　容
动物、植物	密度，多样性，生长速率，寿命，物种的完整性，生物生产量，稳定性，繁殖活力，按照尺寸与年龄的分布状况，濒危物种风险，病害
水文	包括年、季径流量，时间过程，地面径流过程，水位，地下水及与地表水的转化，悬移质，泥沙输移，沉积与侵蚀
水质	物理量测参数包括温度、电导率、悬移质、浊度、颜色。化学量测参数包括pH值、碱度、硬度、盐度、生化需氧量、溶解氧、有机碳等。水化学其他指标包括阴离子、阳离子，营养物质等
土壤	土壤化学，侵蚀度，渗透性，有机物含量，土壤稳定性，物理特征（粒径、微型动物等）
地貌	河流：地貌特征（蜿蜒性、弯曲性、直线状），河床宽深比，弯曲性特征（振幅、长度、曲率半径），横断面深度剖面，急流与深潭比例。 湖泊：周围岸线，平均水深与最大水深之比。 湿地：进口与出口，邻近地面与湿地之比，植物与水的分布
地理	地形，高程，水域位置，规划项目区

3.5.2　数据提取方法

地理信息系统（GIS）、遥感（RS）及全球定位系统（GPS）三者相结合，即所谓"3S技术"。对于生态规划、生态监测、环境信息管理和景观格局动态评估等，3S技术都是十分有效的技术工具。遥感在河流生态系统研究方面的应用，可归纳为3类，即流域状况、河流景观特征、景观动态和水环境管理，详见表3.5。在生态学应用方面，GPS用于航空照片和卫星遥感图像的定位和地面校正；监视动物活动行踪，制作生境图、植被图等，都具有明显的技术优势。

表 3.5　　　　　　　　　　　遥感在河流生态研究的应用

流域状况	河流景观特征定量化	景观动态和水环境管理
土地利用分类	不同尺度缀块空间格局	河流演变
河流及其地貌学特征	植被结构、生物量	湖泊演变
湖泊、水库	干扰范围、程度、频率	土地利用方式的时空变化
湿地	栖息地状况	生物群落演替

续表

流域状况	河流景观特征定量化	景观动态和水环境管理
蓄滞洪区	地下水	对于人类活动胁迫的响应
植被分类	蒸散发	全球变化影响

3.5.3 数据分析方法

GIS 具有以下 3 方面特征：①具有采集、管理、分析和输出多种地理信息的能力，具有空间性和动态性；②在计算机的支持下进行地理数据管理，并且由计算机模拟地理分析方法，为用户产生有用信息；③能够依靠计算机系统迅速、精确、综合地对于复杂地理系统进行空间定位和过程动态分析。GIS 的优点是可以集地图、数据、文字等多种形式的资料综合并存储成一体，可以不断补充新的信息，同时为空间格局分析和各类生态分析模型提供了一个技术框架，GIS 进一步与计算机技术结合，为管理和处理空间数据以及进行大型计算提供了技术可能，从而为环境规划和资源管理提供重要工具。

4 引导问题

(1) 清水河历史和现状对比，存在哪些河道演变特点？

(2) 清水河历史和现状对比，其水文过程发生了哪些变化？

(3) 清水河历史和现状对比，其水环境质量变化情况及影响因素有哪些？

(4) 清水河历史和现状对比，其生物多样性是否存在改变？

5 工作任务

5.1 清水河地貌过程分析

对清水河典型河道形态参数进行分析，并构建其河相关系，进而分析清水河系统稳定性。

5.2 清水河水文过程分析

通过水文参数对比分析，确定清水河水文情势变化过程。

5.3 清水河物理化学过程分析

通过历史和现状水质条件对比，分析清水河水质变化特性。

5.4 清水河生物过程分析

通过历史和现状生物数据，分析清水河生物多样性变化趋势。

项目3　水生态系统过程分析

6　过程实施

6.1　清水河地貌过程分析

（1）对清水河典型河道形态参数进行计算。

（2）按照式（3.2）分析清水河历史和现状条件下河相关系。

（3）通过河相关系分析清水河系统稳定性。

6.2　清水河水文过程分析

（1）计算清水河历史和现状下流量、水文频率、持续时间。

（2）利用IHA方法对比分析水文过程，通过水文参数对比分析，确定清水河水文情势变化过程。

6.3 清水河物理化学过程分析

(1) 参考《地表水环境质量标准》(GB 3838—2002),对清水河历史和现状水质标准进行分析。

(2) 结合周边社会经济和人类影响过程,分析清水河水质变化特性。

6.4 清水河生物过程分析

(1) 通过历史和现状生物数据,分析清水河生物多样性变化趋势。

7 评价反思

(1) 用生物指标评价河流水环境质量的技术方法。

(2) 学习心得体会总结。

项目4 水生态系统功能与价值

1 学习目标

认知水生态系统特点；掌握水生态系统具有的功能和价值；了解人类活动对水生态系统的胁迫作用。

2 重要概念

（1）生态系统服务：生态系统与生态过程所形成及维持的人类赖以生存的自然环境条件与效用。

（2）物种：一群相似生物个体的集合群。

（3）物种流：物种在空间的位置的变动。

（4）生物群落：在特定的空间和特定的生境下，由一定生物种类组成，与环境之间相互影响、相互作用，具有一定结构和特定功能的生物集合体。

（5）胁迫因子：河湖生态系统在长期的演变过程中受到自然界和人类活动的双重干扰，这种干扰称为胁迫，引起干扰的因子称为胁迫因子。

3 相关知识

3.1 水生态系统特点

3.1.1 生物群落与生境的一致性

生物群落多样性是生物多样性的重要组成部分。有什么样的生境就造就了什么样的生物群落，二者是不可分割的。如果说生物群落是生态系统的主体，生境就是生物群落的生存条件。一个地区丰富的生境能造就丰富的生物群落，生境多样性是生物群落多样性的基础。如果生境多样性受到破坏，生物群落多样性必然会受到影响，生物群落的性质、密度和比例等都会发生变化。

3.1.2 淡水生态系统结构的整体性

从生物群落内部看，整体性是生态系统结构的重要特征。一旦形成系统，生态系统的各要素不可分割而孤立存在。如果硬性分开，那么分解的要素就不具备整体性的特点和功能。在一个淡水水域中，各类生物互为依存，互相制约，互相作用，形成了食物链结构。

研究表明，一个生态系统的生物群落多样性越丰富，或者说食物链越复杂，形成三维的网状结构称为食物网，那么，这种复杂的食物网组成的生态系统比简单的直线型食物链的稳定性要高得多，其抵抗外界干扰的承载力也高得多。如果食物链（网）的某些重要环节缺省，即在生态学中称为"关键种"的缺省，对一个生态系统将产生重大影响。另外，从生物群落多样性角度看，一个健康的淡水生态系统，不但生物物种的种类多，而且数量比较均衡，没有哪一种物种占有优势，这就使得各物种间既能互为依存，也能互相制衡，使生态系统达到某种平衡态即稳态，这样的生态系统功能肯定是完善的。反之，如果一个淡水生态系统的生物群落失去平衡，会造成整个系统恶化。比如人们向江河湖库倾倒营养物质及有机质，水中氮、磷等物质增加，导致蓝藻加快繁殖，水中生物群落比例失调，造成水体富营养化和生态系统失衡。

3.1.3　自我调控和自我修复功能

淡水生态系统结构的另一个重要特征是具有自我调控和自我修复功能。在长期的进化过程中，形成了同种生物种群间、异种生物种群间在数量上的调控，保持着一种协调关系。在生物群落与生境之间是一种物质、能量的供需关系，在长期的进化过程中也形成了相互间的适应能力。比如淡水周边的湿地生物群落，需要适应干旱与洪涝两种生境的交替变化，形成了湿地植物既耐旱又耐涝的特征。在大型湖泊和水库中，生物群落与生境的供需关系，体现为以水为载体的牧食食物链的能量流动。水体自我修复能力，也是淡水生态系统自我调控能力的一种。通过自我修复，在外界干扰条件下，保持水体的洁净。由于具有这种自我调控和自我修复能力，才使淡水生态系统具有相对的稳定性。所谓稳定性具有两层含意，一是指对于外界干扰的适应力或称为弹性，二是在受到干扰后回到原平衡态的恢复能力。需要指出的是，生态系统的稳定性是相对的，其适应性也是有限的。所谓弹性限度也就是淡水生态系统对外界干扰的承载力。当超过某一个弹性限度，生态系统将出现一种不断远离平衡点的正反馈，加快系统失稳，常以爆发的方式导致系统的全面恶化。

3.2　生态系统功能

生态系统服务功能是人类生存与现代文明的基础，与人类福祉息息相关。所谓人类福祉包括保障良好生活的基本物质供应、安全、健康、和谐的社会关系以及实现个人存在价值的机会等。

3.3　生态系统价值

按照当前生态系统价值评估研究成果，生态系统的价值可以分为两大类，一类是利用价值，另一类是非利用价值（图4.1）。在利用价值中，又分为直接利用价值和间接利用价值。直接利用价值是可直接消费的产出和服务，包括直接提供的食品、药品和工农业所需材料，淡水供应和对于水资源的开发利用。间接利用价值是指对于生态系统中生物的支撑功能，也是对于人类的服务功能，包括河流水体的自我净化功能；水分的涵养与旱涝的缓解功能，对于洪水控制的作用；局部气候的稳定；各类废弃物的解毒和分解功能；植物种子的传播和养分的循环，此外自然界的奇异绚丽的地貌景观所赋予的美学价值，可以满足人们对于自然界的心理依赖和审美需求，更是全人类的宝贵遗产。

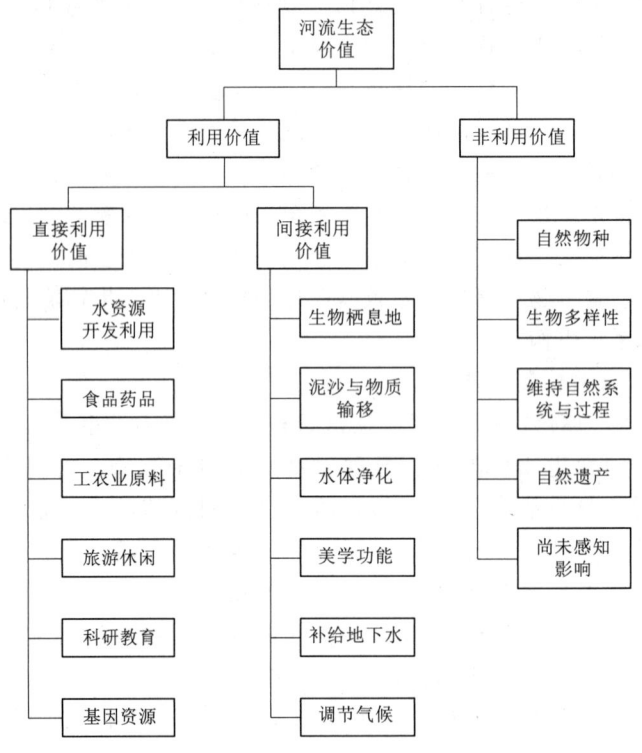

图 4.1　水生态系统价值

另一大类是非利用价值，它不同于河流生态系统对于人们的服务功能，是独立于人以外的价值。非利用价值是对于未来的直接或间接可能利用的价值，比如留给子孙后代的自然物种、生物多样性以及生境等，还包括人类现阶段尚未感知的但是对于自然生态系统可持续发展影响巨大的自然价值。

3.4　人类活动对水生态系统的胁迫效应

近一百多年来利用现代工程技术手段，对河流进行了大规模开发利用，兴建了大量工程设施，改变了河流的水文地貌学特征。至今，全世界有大约60%的河流经过了人工改造，包括筑坝、筑堤、自然河道渠道化、裁弯取直等，随水生态系统造成了极大的胁迫。

自然河流的渠道化：

（1）河流纵向形态直线化。在河流整治工程设计中，认为顺直的河流利于航运或行洪，所以将一些河段裁弯取直或直线化处理。对于一些中小型河流，河流的直线化的改造还可获取部分滩地进行土地开发的经济效益。通过这样的整治工程，将蜿蜒曲折的天然河流改造成直线或折线型的人工河流或人工河网。河流平面形态的多样化被单调的直线或折线的形态代替。失去了弯道与河滩相间、急流与缓流交替的格局，对于流速、水深和水温有不同习性的水生动物失去了原有的栖息地条件。河流走廊的植被也受到单一化的影响。

（2）河道横断面几何规则化。在河道整治工程设计中，梯形、矩形断面水力学断面过流能力大,易于施工控制。传统工程设计往往把自然河流的复杂形状变成若干种几何规则断面,改变了河流横断面深潭浅滩交错的自然格局。

(3) 堤防与边坡护岸材料的硬质化。防洪工程的堤防和河床边坡的迎水面采用混凝土、浆砌块石等建筑材料,原因是这些材料的抗冲、抗侵蚀性及耐久性好。对于输水的人工运河还可减低糙率提高输水效率,减少渗透损失。硬质化的护坡结构隔断了地表水与地下水的联系通道,阻碍了向地下水补水过程,使大量水陆交错带的植物失去生存条件。同时,影响岸坡土壤内大量微生物生存。另外,人工护坡的光滑表面也改变了原来天然多孔岸坡的特性,使鱼类难寻产卵的适宜场所。

河流形态多样性是河流生物群落多样性的基础。河流的人工渠道化破坏了自然河流所特有的蜿蜒性特征,改变了深潭与浅滩交错,急流与缓流交替的格局。不透水和光滑的护坡材料阻碍了地表水与地下水的连通,改变了鱼类产卵条件。这些因素的叠加,造成生物异质性下降,导致生物栖息地的质量的下降。水域生态系统的结构与功能随之发生变化,特别是生物群落多样性将随之降低,引起淡水生态系统不同程度的退化。

4　引导问题

人类活动对水生态系统四大过程的胁迫作用有哪些?

5　工作任务

5.1　城市化对水生态系统的胁迫作用

按照思维导图方式总结对河流生态系统的自然和人为胁迫因子。

5.2　水利工程建设对水生态系统的胁迫作用

通过系统梳理水利工程类型,并分析其对水生态系统的影响因素。

5.3 分析清水河周边的人类活动影响类型及其生态胁迫效应

结合网络资源和项目1提供的基础资料，分析清水河周边的人类活动影响类型及其生态胁迫效应。

6 过程实施

6.1 城市化对水生态系统的胁迫作用

（1）剖析城市化对水文过程的影响。对比分析成都城市化产生的下垫面影响，进而分析河流水文过程的变化。

（2）剖析城市化对河流地貌过程的影响。分析城市化发展过程中对自然河流的渠道化影响。

（3）剖析城市化对物理化学过程的影响。

（4）剖析城市化对生物过程的影响。

6.2 分析清水河周边的人类活动影响类型及其生态胁迫效应

（1）统计分析清水河沿线社会经济发展条件。

（2）统计汇总清水河水利工程建设情况。

（3）分析清水河主要胁迫因子。

7 评价反思

（1）以本项目为基础，选择南水北调工程中线（或者东线）为研究对象，通过网络资源检索分析对调水区、受水区和工程沿线的生态系统改善功能和潜在生态胁迫。

（2）学习心得体会总结。

（3）教师点评。

项目5 水生态系统总体规划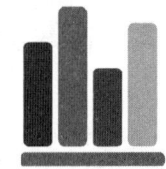

1 学习目标

掌握水生态修复规划目标和任务、规划范围和规划水平年、控制指标、总体布局的内容和要求。

2 重要概念

(1) 生态工程：将人类社会与其自然环境相结合，以达到双方受益的可持续生态系统的设计方法。

(2) 近自然治理：首先要满足人类对河流利用的要求，同时要维护或促进河流的生物多样性。

(3) 水安全：具备系统良性循环的能力，能抵御洪涝、干旱、污染等外部冲击，且不会对其他系统构成危害，并满足水系功能要求的安全。

(4) 水景观：城市水系河湖形态、水面面积以及水面区、滨水区和沿岸带从视觉上对城市的景观美化作用。

(5) 适宜水面面积：与城市自然条件、水土资源可供量、人口、居民生活习惯和生活水平、社会和经济发展水平等综合因素相适应的城市水面面积。

(6) 河湖生态水量：为使河湖水系达到规划的生态功能和目标所需的水资源量。

(7) 河湖滨水区：水域与陆地相接的区域范围。

3 相关知识

3.1 水生态修复内容

河流水系生态修复的任务有三大项：一是水质条件、水文条件的改善，二是河流湖泊地貌学特征的改善，三是生物物种的恢复。总目的是改善河流生态系统的结构与功能，主要标志是生物群落多样性的提高。

(1) 水质条件、水文条件的改善包括：水量、水质条件的改善，水文情势的改善，水力学条件的改善。通过水资源的合理配置以维持河流河道最小生态需水量。通过污水处理、控制污水排放、生态技术治污、提倡源头清洁生产、发展循环经济以改善河流水系的水质。提倡多目标水库生态调度，即在满足社会经济需求的基础上，模拟自然河流的丰枯变化的水文模式，以恢复下游的生境。

（2）河流湖泊地貌学特征的改善包括：恢复河流的纵向连续性和横向连通性；保持河流纵向蜿蜒性和横向形态的多样性；外移堤防给洪水以空间并扩大滩地；退耕还湖和退渔还湖；采用生态型护坡以防止河床材料的硬质化。

（3）生物物种的恢复包括：濒危、珍稀、特有生物物种的保护；河湖水库水陆交错带植被恢复；包括鱼类在内的水生生物资源的恢复等。

3.2 修复目标制定

制定河流生态修复目标的原则可归纳为以下要点：

（1）制定河流生态修复的目标要立足于我国国情。古往今来大规模水利工程建设，包括筑坝、筑堤、裁弯取直、渠道化、人工河网化等，已经使我国众多的自然河流面貌发生了巨大的变化，我国河流的基本状况，首先必须承认的基本事实是绝大部分河流都被开发利用和经过人工改造，在我国讨论实现生态系统的"完全复原"是完全脱离实际的。同时，要承认水利工程对于国家经济社会发展的重要作用这个基本事实。如果简单引用某些西方学者观点一概反对建坝，主张大规模拆坝以恢复河流的原始面貌，在我国会是完全脱离社会实际的一种空谈。此外，我国大江大河的中下游地区，人口密集，城镇密布，土地利用率高，为防洪目的沿河筑堤。堤防对于河流的约束已成基本事实。如果大范围地调整河流地貌特征，对于大中型河流来说余地已经不多。

因此，我国河流生态修复的目标应是通过运用适当的工程措施、管理措施和生物措施，依靠自然的自我修复能力，使当前的河流生态状况有所改善并向良性方向演进，部分地恢复到干扰前的某种状态下的生态系统的结构和功能。

（2）因地制宜地选择适当的参照系。第一种方法是按照时间序列，以河流自身的历史状况或现状作为参照系确定河流生态修复的目标。第二种方法是按照空间位置选择适当的参照系。具体是选择同一条河流的良好河段，其生态系统完整性和生物多样性可以被人们认为"可以接受"或者"满意"。以此河段的现状作为参照系，确定生态修复的目标，并且提出生态修复的定量指标。

（3）自然自我修复为主，人工干预为辅。河流生态修复规划的重点应放在减轻人为对河流生态系统的胁迫，包括强化治污和污水排放控制，合理调度水库和其他工程设施，保持最低生态需水量和模拟自然水文模式。初期投入少量资金，建设必要的辅助人工措施，主要是河流自然形态的恢复和生物栖息地的构筑。综合以上措施，以求最大限度地发挥生态系统自修复功能。要区分两类被干扰的河流生态系统。一类是未超过本身生态承载力的生态系统，是可逆的。当去除外界干扰即卸荷以后，有可能靠自然演替实现自我恢复的目标。另一类是被严重干扰的生态系统，它是不可逆的。在去除干扰即卸荷后，还需要辅助以人工措施创造生境条件，再靠发挥自然修复功能，有可能使生态系统实现某种程度的修复。这就意味着，运用生态系统自设计、自我恢复原则，并不排除工程师和科学家采用工程措施、生物措施和管理措施的主观能动性。

3.3 河流生态修复规划的原则

(1) 河流修复与社会经济协调发展原则。
(2) 社会经济效益与生态效益相结合原则。
(3) 流域尺度规划原则。
(4) 增强空间异质性的景观格局原则。
(5) 生态系统自设计、自我恢复原则。
(6) 提高水系连通性原则。
(7) 负反馈调节设计原则。
(8) 生态工程与资源环境管理相结合原则。

3.4 规划尺度

我国现阶段河流修复中的首要任务是遏制流域内引起生态系统退化的污染，并在合理论证的基础上采取必要的修复措施。需要说明的是，对于规划、评估、监测这些不同的任务，其工作对象的空间尺度可能是不同的。监测和评估工作可以在流域甚至是跨流域的尺度上进行。规划工作的尺度可以是流域或河流廊道。至于河流修复工程项目的实施，一般在关键的重点河段内进行。

河流的空间和时间尺度可以分为不同的量级（表 5.1），其空间尺度变化从 1mm 到 100km，而时间尺度变化从不足 1 天到 1 万年以上。这种尺度变化与生物特征的多样性是对应的，在微尺度上有一些微过程，包括吸收、有机物分解等，并形成食物链单元。在较大尺度上，整个河岸带网络是食物和水的来源，并作为哺乳动物和鸟类的迁徙通道。河流生态系统状况不仅依赖于微栖息地（小的物理、生物和时间尺度），而且还依赖于流域内的各种变化（较大的物理、生物和时间尺度）。在这两个极端尺度之间，还存在其他中间尺度，可在这些中间尺度上进行河流生态修复的评价、分析和设计。

表 5.1　　　　　　　　　　　河流的空间和时间尺度

项目	空间尺度	生命活动	生物群聚	规划	修复
流域	大于 25km²	生命循环，小于 20 年	群落，物种（洄游）	行政决策，机构和人员，管理计划	理论和理念
整体河段	大于 1.5km，流域面积大于 25km²	生命循环，1~8 年	群落，物种	局部决策，河漫滩管理分区	生物和地貌数据采集
局部河段	小于 1.5km，流域面积小于 5km²	生命阶段，数日到数年	物种	管理人员决策，河道拓宽，植被管理，生物准则	修复工程和设计
栖息地单元	5 倍于河道平滩宽度	生命阶段，数小时到数日	个体	生态决策，浅滩和深潭，底质	设计和实施
微栖息地	小于 1m²	生命阶段，数分钟到数日	个体	生物准则	满足相关准则，进行成功量测

3.5 规划范围和规划水平年

应根据规划工作任务确定规划范围，宜将规划范围及与规划河湖存在水力联系的一定范围作为规划研究范围。根据周边社会经济状况确定规划基准年和规划水平年，规划水平年宜与国家国民经济和社会发展规划的规划期相一致。

4 引导问题

（1）河流生态修复目标制定需要考虑哪些约束要素？

（2）河流生态修复规划应当与哪些上位规划相衔接？

5 工作任务

（1）科学制定清水河修复目标。

（2）综合确定清水河生态修复的任务和内容。

（3）合理划分清水河生态修复的规划范围和规划水平年。

6　过程实施

（1）科学制定清水河修复目标。依据《成都都市圈发展规划》《成都市"十四五"城市建设规划》《成都市"十四五"水务发展规划》等系列规划文件，结合河流社会经济和自然生态调查，通过分析清水河生态系统价值和功能，合理确定河流修复目标，并分解制定定量化的分项修复目标。

（2）综合确定清水河生态修复的任务和内容。针对河流修复目标和定量化的分项修复目标，结合河流生态修复三大修复任务，通过框图方式规划子任务和规划内容。

（3）合理划分清水河生态修复的规划范围和规划水平年。结合清水河基础资料分析和网络资源查询，合理确定其规划范围和规划水平年，并结合基准年开展五年规划内容。

7　评价反思

（1）水生态修复规划如何与流域规划以及区域规划协调。

7 评价反思

（2）学习心得体会总结。

（3）教师点评。

项目6 河流地貌形态修复

1 学习目标

掌握河流多样性地貌形态构建方法，学习河流横断面自然恢复方法，掌握河流蜿蜒性修复技术方法。

2 重要概念

（1）空间异质性：某种生态学变量在空间分布上的不均匀性及其复杂程度，河湖地貌形态空间异质性决定了生物栖息地的多样性、有效性和总量。

（2）河流地貌单元：河流廊道内由于河床演变、水沙冲淤等过程所形成的多样结构特征，如河流故道、河漫滩、深潭、浅滩、洲滩、牛轭湖以及自然堤等。

（3）深潭-浅滩序列：河流自然形成的深浅交替的结构形式，由深潭－浅滩结构交替出现为表现形式。

（4）黏土塞：主河道与牛轭湖之间的淤积体。

（5）牛轭湖：黏土塞完全形成后，牛轭状河道从主河道中分离出来形成的水体。

（6）蜿蜒河湾：已经淤积的旧河道。

（7）自然堤防：由于局部河段流速降低，导致粗沙沿河岸所形成的淤积体。

（8）河漫滩沼泽：由于自然堤防的围隔作用形成的沼泽。

3 相关知识

从工程安全和河流生态修复的角度出发，在河道整治工程中，应在传统水利工程设计的基础上，吸收生态工程技术的相关理念和技术。其中一个重要的方面是尽量保留河道的自然形态，包括河道的蜿蜒性。当然，蜿蜒性河道的综合整治费用将高于渠道化河道，但其长期的生态和维护效益将会远远超出所增加的工程费用。与直线化河道相比，具有一定蜿蜒性的河道与天然河道系统是相协调的，河势也较稳定，维护费用较低，而且更有利于河流生态系统的保护。

河道整治工程中的另一个保护重点是一些局部地貌特征，如深潭和浅滩、跌水结构等。典型的渠道化工程不仅使天然的蜿蜒性河道直线化，而且常对河道内多样化的地貌特征进行简单处理。河流渠道化将对原来的栖息地造成严重破坏，即使在渠道化河流的生态修复工程建设中重新引入河道的蜿蜒性、深潭和浅滩序列、边滩等地貌特征，也不可能实现河流生态系统的完全恢复或达到预期效果。因此在河道整治中，应尽可能保留原来河道内的栖息地特征。

3.1 河流蜿蜒性

3.1.1 蜿蜒性地貌单元

河流蜿蜒性是河流系统自组织行为的体现方式，蜿蜒型河流形成是水流、流域地质结构、柯式力共同作用的结果，河流演变初期表现为沿轴线的左右摆动，因受柯式力的影响轴线逐渐弯曲，由于摆幅的增大和轴线曲率半径减小，使河流呈现出顺直-微弯-蜿蜒-裁弯的演变过程。

蜿蜒型河流包含有多种空间异质性的地貌单元，河漫滩区地貌结构包括以下部分：黏土塞指在主河道与牛轭湖之间的淤积体；牛轭湖，指黏土塞完全形成后，牛轭状河道从主河道中分离出来形成的水体；蜿蜒河湾，指已经淤积的旧河道；自然堤防，指由于局部河段流速降低，导致粗沙沿河岸所形成的淤积体；河漫滩沼泽，指由于自然堤防的围隔作用形成的沼泽。主河道内的地貌单元是深潭-浅滩序列。深潭位于蜿蜒性河流弯曲的顶点，并在河道深泓线弯曲凸部的外侧（或称凹岸侧）。浅滩是两个河湾间的浅河道，位于河流深泓线相邻两个波峰之间，它的起点位于蜿蜒河流的弯段末端，其长度取决于纵坡降，纵坡降越大，浅滩段越短。深潭的横剖面为窄深式，一般为几何非对称型；而浅滩的横剖面属宽浅式，大体呈对称形态。

自然界的河流都是蜿蜒曲折的，不存在直线或折线形态的天然河流。在自然界长期的演变过程中，河流的河势也处于演变之中，使得弯曲与自然裁弯两种作用交替发生。但是弯曲或微弯是河流的趋向形态。另外，也有一些流经丘陵、平原的河流在自然状态下处于分岔散乱状态。一些分岔散乱状态的河流归入主槽形成明显的干流，往往是由于人类治河工程的结果。需要强调指出，蜿蜒性是自然河流的重要特征。河流的蜿蜒性使得河流形成主流、支流、河湾、沼泽、急流和浅滩等丰富多样的生境。由此形成了丰富的河滨植被、河流植物，为鱼类的产卵创造条件，成为鸟类、两栖动物和昆虫的栖息地和避难所。由于流速不同，在急流和缓流的不同生境条件下，聚集着不同的生物群落——急流生物群落和缓流生物群落。同时，河道通过蜿蜒化处理后，河流长度增加，河床比降减小，同时，减缓了流速，增加了河床稳定性。在河流弯曲段，水流交替地将凹岸的泥沙"搬运"到凸岸，这种冲刷和沉积过程既是河流的消能方式，也有助于在河道内形成深潭、沙洲和浅滩等元素，从而形成多样化的栖息地环境。并且在自然界中，弯曲河流的生态环境类型要比直线河流多得多，弯曲河流拥有更复杂的动物和植物群落。而且在一定程度上，水流在河道内滞留的时间越长，越有利于增强水系的自净能力。

3.1.2 修复方法

在20世纪30年代发生的灾难性的风蚀土壤事件后，美国政府开始关注水土关系问题。由此，在陆军工程师团水道试验站进行的河道演变研究，揭示了河道蜿蜒化的过程。通过对国外河流生态修复相关导则和指南的总结，可以得知蜿蜒型河流修复其中的重要组成部分，其中包括 1998 年美国 FISRWG *Stream Corridor Restoration*：*Principles*，*Processes and Practices*《河流廊道修复：原理，方法和实践》，英国河流生态修复中心（RCC）编写的 *MANUAL of River Restoration TECHNIQUES*，澳大利亚水和河流委员会（Water and Rivers Commission）编写的 *River Restoration—A guide to the Nature*，*Protection*，*Rehabilitation and Long-term Management of Waterways in Western Australia*《河流恢复手册》，日本国土交通省河川局 2002 年编写的《自然再生推进法》等，均对蜿蜒型河流修复的规划目标、原则和技术方法进行了阐述。河道设计中有关蜿蜒性修复的方法有如下几种：

（1）复制法。这种方法认为影响河流模式的诸多因素（如流域状况、流量、泥沙、河床材料等）基本没有发生变化，完全采用干扰前的蜿蜒模式。这要求对河道历史状况进行认真调查，争取获得一些定量数据。除此之外，也可参考其他同类河流未受干扰河段的蜿蜒模式。

（2）应用经验关系。很多学者提出了不同的蜿蜒性参数和其他水文或地貌数据之间的经验关系式，如 Leopold（1964）等提出蜿蜒波长一般为河道宽度的 10~14 倍。但应当认识到，这些经验关系式并不适用于所有的河道，最好采用航拍照片等手段对某一特定区域的蜿蜒模式进行调查，并在此基础上建立河道蜿蜒参数与流域水文和地貌特征的关系。河道蜿蜒模式推算简图如图 6.1 所示。

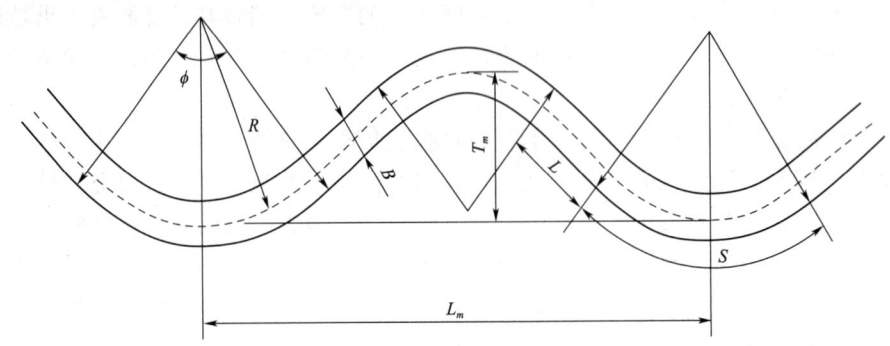

图 6.1　河道蜿蜒模式推算简图

（3）参考附近未受干扰河段的模式。Hunt（1975）和 Brooks（1990）认为，在待恢复河段的蜿蜒性设计中，可以附近未受干扰河段的蜿蜒性模式为模板。

（4）自然恢复法。通过适当设计，允许河流进行自身调整，并逐渐演变到一个稳定的蜿蜒模式。该方法的主要问题在于，恢复河流蜿蜒性所需时间较长，而且存在河岸高速侵蚀和淤积的问题。

（5）系统分析方法。Hasfurther 建议采取系统分析方法进行河流的蜿蜒性设计，包括对未受干扰河段进行分析，对受干扰区域的地貌特征进行评价，对河流与周边区域的相互作用进行研究等。

3.1.3　技术流程

结合相关研究结论，河流蜿蜒性修复可以有效提高河流地貌空间异质性和水力条件多样性，能够实现保护和修复河流生物多样性，维持河流生态系统健康。因此，河流蜿蜒性修复以河流自然特性为基础，本书提出基于经验公式设计和生态水力学模拟验证的蜿蜒性修复技术。

基于相近流域或地区大量河流的河相统计关系和经验公式是开展河流蜿蜒性修复的有效方法，采用相关经验公式对河流相关地形参数进行分析：

（1）河道弯曲弧线长度计算。河道弯曲弧线长度是河流受地转偏向力和区域地质地貌结构影响形成的弯曲距离长度，Hey等基于对大量自然河流的平滩宽度和河流弯曲距离的实地测量，绘出河流宽度与半波弯曲弧线长度 Z'（0.5倍弯曲弧线长度）的关系图，并根据统计得出它们的关系服从式（6.1）：

$$Z' = K_3 \omega \tag{6.1}$$

式中：Z' 为半波弯曲弧线长度，m；ω 为河流平滩宽度，m；K_3 为经验系数，砂砾石河床 K_3 取值范围为 3.0~10.0。

平滩宽度指河流达到平滩水位时对应的河宽。依据北美和英国研究学者研究成果，河流平滩宽度与平滩流量的关系，一般服从式（6.2）指数关系：

$$\omega = aQ^b \tag{6.2}$$

式中：ω 为河流平滩宽度；Q 为平滩流量；a 和 b 分别为统计参数，a 和 b 采用北美砾质河床河流的统计参数见表6.1。

平滩流量是指水流达到平滩水位时所对应的流量。一般情况下，自然河流平滩流量对应重现期为1.5年的洪峰流量，可以通过洪水频率曲线求得。

表6.1　　　　　　　　平滩宽度与平滩流量关系统计参数表

资料来源	样本数	a	b
所有北美砾质河床河流	94	3.68	0.5
所有英国砾质河床河流	86	2.99	0.5
树或灌木的覆盖度小于50%，或草皮（英国河流）	36	3.70	0.5
树或灌木的覆盖度小于50%，或草皮（英国河流）	43	2.46	0.5

（2）曲率半径计算。沈玉昌在总结前人研究成果的基础上，指出在平原和半山区河流中，河道纵比降增大，会造成河道蜿蜒度增加，曲率半径较小，并得到了曲率半径与河道比降的经验公式：

$$R = AJ^{-1.04} \tag{6.3}$$

式中：A 为常数；J 为河道纵比降；R 为曲率半径。

为判别曲率半径的合理性，可以采用曲率半径与河宽比 λ 进行对照分析，曲率半径与河宽比 λ 是指曲率半径 R 与河流平均宽度 $\bar{\omega}$ 的比值，如式（6.4）所示：

$$\lambda = R/\bar{\omega} \tag{6.4}$$

蜿蜒河段的曲率半径与河宽之比介于 1.5~4.5，若计算得到的河流弯曲弧线长度过长或蜿蜒河段的宽度无法达到，则应当引入其他工程措施减小河流坡降或对河床进行加固处理。

(3) 河道蜿蜒形态确定。弯曲顶点是河弯曲线上该点两侧的导数符号不一致的点，对应于河流弯曲顶点是指河流弯曲段内发生弯曲变化的点，河流拐点指河流相邻弯曲段的交点。在蜿蜒性形态及位置确定时，优先选取河道深潭处为弯曲顶点，结合计算得到的弯曲距离长度和曲率半径，按照圆弧模拟法得到河流的蜿蜒形态。其中，弯曲弧线长度（2倍半波弧线长度）与其两个端点间直线长度之比即为河流的自然蜿蜒度。

(4) 蜿蜒性合理性验证。通过水力学模型对设计河道进行模拟是蜿蜒性设计的有效方法，结合本书研究结论，无论顺直微弯河段还是蜿蜒河段，河段最大流速和流量之间均存在对数相关关系，将其归纳为式（6.5）如下：

$$V_{\max}=a\ln Q+b \tag{6.5}$$

式中：Q 为流量；$V_{\max}$ 为河段内最大流速；a 和 b 分别为统计参数。

在利用水力学模型进行验证时，可通过对两种流量工况进行水力学模拟，根据模拟结果求出 a 和 b 值，并绘制流量与流速的相关关系曲线，分析蜿蜒性模拟结果的合理性。也可用水力几何公式（如，Ackers 和 Charlton，1970；Soar 和 Thorne，2001）或解析方程（Langbein 和 Leopold，1966）得出的值来校核规划好的河道弯曲段波长，但应确保生成公式的数据均来源于地貌特征相似的流域和河流。一般来说，把波长作为流量或宽度的函数的水力几何公式最为有效（USACE，1994；Vopeland 等，2001）。不应采用统一的几何形状（如，不变的河曲长度和半径）。从公式得出的值可作为平均值，但是应该有 bend to bend 的变化，正如 Copeland 等人（2001）在所提供的数据汇编中所阐述的一样。这种变化提供了在正确方法周围工作的机会。

同时，在河流蜿蜒型平面形态修复的过程中，还应当充分结合"给河道以空间"的洪水管理理念，建设分洪道、降低河漫滩高程；恢复河道连续性；开展河道岸坡生态防护；重建深槽和浅滩序列；恢复洪泛区湿地；创建河道内生物栖息地结构；建设亲水设施；应用多孔和透水护岸材料和结构等。同时，利用生态学理论，采用生态技术修复受污染河水，恢复水体自净能力，如：人工湿地处理系统、河道直接净化技术、氧化塘处理系统、植物-土壤处理系统、水生植物处理系统、生物操纵技术等。应避免采用单一的河道宽度、深度和坡度，而应将根据上面所述得出的计算值作为平均值，在细部设计中保证轻微退化的系统空间变异性。

3.2 横断面多样性修复

在满足规划断面的基础上，充分考虑河道的水位变化、流速及流量等，结合水生动植物生境构建的基本要求，确定设计断面形式。根据河道过水断面形状，河道断面形式主要分为三类：矩形断面、梯形断面和复式断面。河道断面形式的多样化可在河道规划断面的基础上，根据水流特性进行适度调整，使河道具有不对称的几何特征。河道断面的不对称性可从两侧坡比的不对称、平台高度及宽度不对称等方面进行设计，形成多样化的断面形式。

在很多工程案例中，通过对渠道化河流（或枯水河道）（图 6.2）的岸坡坡度进行重新设计，使河道横断面具有不对称的几何特征，从而导引水流和加速深潭浅滩序列的形成,最终有益于蜿蜒型河道和自然地貌的形成(Brookes,1989 and 1995;Newbury and Gaboury,1993;Nielsen,1996)。一种典型设计方法是使河道断面两岸具有不同的坡度,假定凸岸坡度为1∶5,对面的凹岸坡度为1∶1,那么水流会在1∶1坡度的河岸边收缩,形成冲刷深潭,而在对岸1∶5坡度的河岸处,会发生水流发散和泥沙淤积现象,从而形成边滩、弯曲段和河漫滩。这种初期的河岸几何特征具备一定的诱导作用,会促使蜿蜒型平面形态和理想栖息地单元的形成。如果允许其自由发展,很多河道可能会恢复到一个更加自然、达到动态平衡的地貌形态,在其河道断面内重新形成深潭、边滩和小型河漫滩等栖息地特征。不过,如果因河道过度摆动而产生侵蚀问题,则需要应用综合防护技术对河岸进行加固。

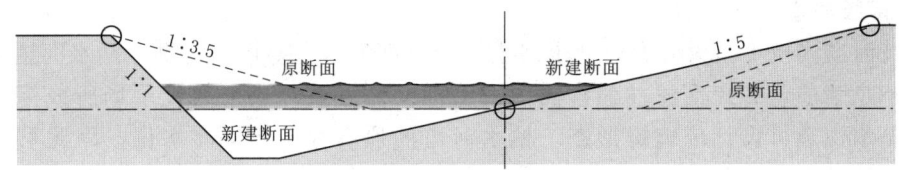

图 6.2 河道断面设计示意图

河流横断面设计是河流生态修复中的一项重要内容,针对某一河段,可以采用不对称断面,并把宽深比调整到一定程度,以控制挟沙河流的泥沙输移和淤积情况。可以应用横断面的不对称性对河流局部的侵蚀和淤积情况进行调整。河道横断面的设计一般从选择最适宜的河流平面形态开始,然后选择适宜的河床形态(如深槽、浅滩、边滩等),最后再确定河道的宽深比。如果流域环境条件未发生重大变化,应参考一些历史记载资料,如老图纸、航拍照片等。也可根据河流分类模式参考类似河流或河段的资料,或根据经验关系(如流域面积与宽深比的关系)来确定。除此之外,也可根据水力学的一些经验关系进行计算。在技术条件允许的情况下,还可根据平滩流量进行河相关系分析。

3.3 防洪工程布置

我国大多数河流都建有堤防工程,河流地貌不可避免要受到堤防工程的影响。从恢复自然环境功能但同时又能发挥防洪工程效益的角度出发,需要改进完善现有堤防的设计和建设方法,提出一些创新性的技术方法。"与洪水为友",让母亲河重返自然。长久以来的围垦造田和填河、填湖等,使永宁江水文过程发生了极大的变化,逐渐丧失了自然泛洪、泄洪、生物保育等功能。永宁公园秉承与洪水为友的理念,砸掉了以单一防洪为目的的水泥防洪堤,取而代之的是缓坡入水的生态防洪堤,恢复河道的深潭浅滩,与洪水相适应,引入大量乡土植物,使河流生态系统得以修复,并成为城市居民的优美休憩地。

3.3.1 洪水后退

这项措施包括清除河漫滩内的所有结构物,把河道恢复到历史状态。设计河道形态时要使河流泥沙不会产生严重的冲刷和淤积现象,并能恢复到天然形态。河流形态可以自由蜿蜒,洪水可以漫滩,平均漫滩频率为一年或两年。从现实来看,这一理念在我国的应用将受到社会经济发展的制约,对大多数已经建有堤防工程的河道而言,要实现河流形态的完全恢复是不切实际的。但对于尚未建造堤防工程的河段,在未来的防洪规划中,可把这种非工程防护措施作为一个主要的待选方案。

3.3.2 堤防后退

这项措施与洪水后退措施在本质上是一致的，但河漫滩洪水被限制在两岸堤防之间。堤防在布置上不应侵占蜿蜒带，从而使河道在地貌变化活跃的廊道区域内仍可以摆动。这项措施符合当前的洪水管理理念，但在很大程度上受经济条件的制约。对于新建堤防，在堤线布置方面，应遵循宜宽则宽的原则，处理好河道行洪和生态保护要求与土地开发利用之间的矛盾，河槽和河漫滩不仅要能满足设计洪水的行洪要求，还要保持一定的浅滩宽度和植被空间，为生物的生长发育提供栖息地，既可发挥河流的自净化功能，又有利于地表和地下水的连通。

3.3.3 两级河道

两级河道实质上是大河道内套小河道，即上部河道主要用于行洪，枯水河道主要用于改善栖息地质量和提高泥沙输移能力。上部河道可设计成公共娱乐场所或湿地型栖息地，枯水河道可设计成蜿蜒形态。枯水河道的顶高程低于平滩水位，因此可能无法维持泥沙输移平衡，如是冲积型河流，上部河道可能会淤积，但淤积程度将小于单级梯形河道。在设计枯水河道时，需对泥沙输移能力进行认真评估。若要把已建的防洪河道改建两级河道，还可能牵涉到其他一些问题，如桥墩改造、桥头河岸防护等。另外，为满足河道行洪能力的要求，两级河道要比单级河道宽，从而会涉及土地利用和房地产开发等方面问题。

3.3.4 行洪河道

把现有河道恢复到原来的形态，同时建设一条行洪河道或大流量河道以满足行洪需求。恢复的河道主要是为了修复栖息地，而行洪河道则可设计成湿地或低洼栖息地，或开发为旅游休闲地，其作用就如同一个分离的河漫滩。在采用这种措施时，需对河流泥沙输移问题给予足够的重视。对于多沙河流，行洪河道进口附近的泥沙输移能力的降低将引起待恢复河道的泥沙淤积问题，而在行洪河道回归到恢复河道的地方，泥沙输移能力的增加将会导致河床侵蚀。

3.4 改良河床

改良河床主要包括改善河床基底，提高河道行洪能力；维护河床稳定，重塑河流深潭浅滩的自然形态。具体措施包括对淤积或底泥污染严重的河流湖库进行生态清淤，以及对硬化、平整化河床进行整治等。

改良河床的过程中应因势利导，维护河床天然形态；避免河流生态环境破坏，保护水生动植物栖息地。

（1）生态清淤。生态清淤是指通过人工或机械方式将河道内受污染的底泥、垃圾清理出河床，恢复或扩大过水断面，改善水质等。

（2）河床修复。河床修复适用于人工硬化、平整化的河床，应根据水流特性、断面形态，制定河床修复方案，利用导流堤、丁坝等水工建筑物，重塑河流深潭浅滩的自然形态。

（3）水生生物群落修复。水生生物群落修复包括水生植物、水生动物、微生物修复，适用于因水质污染、水量不足等造成水生生物损失的河段。水生生物群落修复以自然修复为主，受人类活动影响较大的河流可采取人工修复、自然修复相结合的方式。

4　引导问题

（1）城区、郊区和乡村河段适宜的地貌形态修复方式有哪些？

（2）河流横断面多样性修复有哪几种方式？

5　工作任务

5.1　清水河蜿蜒性修复

选取任意河段开展弯曲率计算，并开展河流蜿蜒性修复计算。

5.2　清水河河道横断面修复

基于选取的对应河道，在开展蜿蜒性修复基础上，对河道横断面开展针对性修复设计。

6 过程实施

6.1 清水河蜿蜒性修复

(1) 清水河弯曲弧线长度计算。

(2) 清水河河道曲率半径确定。

(3) 清水河弯曲率率定。

(4) 清水河深潭-浅滩序列结构确定。

6.2 清水河河道横断面修复

(1) 不同区域适宜河流横断面结构分析。

(2)河流横断面设计。

7 评价反思

(1)数字仿真模拟在河流形态修复中可以起到的作用。

(2)学习心得体会总结。

(3)教师点评。

项目7 生态护岸设计与施工

1 学习目标

根据河道岸坡、水流特点和岸坡图纸等因素选择适宜的生态护岸结构形式及组合方式,并合理分析其安全性和稳定性。

2 重要概念

(1) 防护工程:为保护堤防和滩岸,防止水流冲刷和波浪冲蚀及渗流破坏而修筑的平顺式且基本不改变水流流势的工程。

(2) 生态护岸:在传统护岸技术基础上,利用活体植物和天然材料作为护岸材料,既满足安全防护要求,又能为生物提供良好栖息地条件、改善自然景观的护岸结构。

(3) 生态交错带:相邻生态系统之间的过渡带,其多样的边缘生境往往导致不同生境的生物种类的共生,种群密度变化较大,生物多样性增加,某些物种在边缘地区产生协同效应而特别活跃,生物生产力特别高,具有边缘效应。

(4) 生态缓冲带:指在河道与陆地交界的一定区域建设乔、灌、草相结合的立体植物带,在城镇、农田等与河道之间起到一定的缓冲作用。

(5) 生态格网结构:由格网组装的箱体内填充符合要求的块体材料而形成的柔性结构。

(6) 石笼:用表面经过防腐蚀处理的优质低碳钢丝经捻网机拧编而成的多角网制成的各种规格的箱型网笼。

(7) 格宾石笼网:高度大于或等于 0.45m 的生态格网结构体。

(8) 加筋石笼网:由格宾石笼和加筋片组成的生态格网结构体。

(9) 铅丝石笼垫:高度小于 0.45m 的生态格网结构体。

(10) 网丝:编制格网主体的钢丝。

(11) 边丝:直径大于网丝直径,编织或被缠绕固定在格网边缘的钢丝。

(12) 扎丝:用于绑扎生态格网结构各网片及相邻结构体的钢丝。

3 相关知识

3.1 河岸带作用

河岸带是河流水体与陆地的生态缓冲地带,对维持河流生物多样性和生态平衡等具有多重作用。植被根系可提高河岸表层强度与稳定性,并对进入水体的污染物过滤、渗透和沉积等过程而减少污染物毒性与污染程度,堤岸固化后使城市污水直接流入河道而缺少河岸植被过滤等作用。

生态河道的第二层内涵是河道护岸的生态。河道护岸是河流与陆地的过渡地带,紧密连接了水陆带,是生态河道水体运动的外边界条件,是生态河道稳定的关键地带。河道护岸带主要由护坡、小型动物、水生植物以及微生物构成。河道护岸带植物可以缓冲水流,降低河道流速和对陆地的侵蚀速度,水生植物根系一方面可以吸收氮磷等营养物质,另一方面可以增强河道护岸的稳定性。河道护岸带可以通过过滤、渗透、吸收、滞留、沉积等机械、化学和生物过程,使进入河道水体的径流污染物毒性减弱、污染程度降低。河道护岸带还能影响河道的泥沙搬运和沉积。

3.2 生态护岸建设必要性

在河道整治工程中,仅对河岸的一侧进行部分河段的整治,而使对岸保持自然状态,这样可以极大地降低对环境的影响,这种做法在一些国家已经比较普遍。它可以对水域和河岸带栖息地进行部分保护,减少对植被、遮阴、美感、河岸稳定和栖息地形成过程的不利影响。在很多情况下,河岸防护、河道直线化或拓宽措施可以在两岸间交叉实施,从而保留一些不受干扰的区域。在河岸防护工程中,可以仅对凹岸等险工段实施抛石等防护措施,而不对边滩和浅滩进行任何处理。这些未受干扰的区域将成为重要的生物避难所,发挥受干扰前河流系统的功能。虽然这类措施与完全的直线化和硬质衬砌相比已有很大的改善,但仍存在一些问题。仅对凹岸进行防护虽属于局部工程,但仍会带来部分渠道化的问题,很多河道就是在这种逐步进行硬质衬砌的过程中被慢慢渠道化的。

在河道岸坡防护中,应尽量保留坡面的多样性特征和原有植被。这些植被是在长期演替过程中逐渐形成的,具有很强的生命力和多种自然生态功能。特别是在一些植被发育条件比较苛刻的地区,更应该采取良好的保护措施。例如,中国水利水电科学研究院负责设计和施工的珠海磨刀门河道入海口附近的灯笼三河段岸坡防护工程,对原来的河岸形态和植被进行了良好保护。该工程水下采用软体排结构,在因潮汐作用引起的水位变动区采用块石护坡方案,块石底面垫反滤土工布。

3.3 河岸带缓冲区建设

保护和修复河岸带缓冲区是河流廊道生态修复中的一项重要内容,尤其有利于河岸带植物群落的恢复。河岸带生态系统的水文模式有利于植物、昆虫、动物和微生物的快速繁殖和发育,其植物群落具有结构和分类多样性。具有一定宽度的河岸带植被不仅可以减少土壤侵蚀,降低非点源污染,调节河道径流、泥沙和水温,而且是河流有机物的主要来源,可以为野生动物提供栖息地和迁移廊道,并有利于鱼类等水生生物的发育。

河岸带缓冲区规划中的一个重要参数是缓冲带宽度,该值的确定涉及土地利用与自然功能要求之间的妥协问题。有关缓冲带宽度的研究成果相对较少,美国陆军工程师兵团根据鸟类的需求,对有关方面的成果进行了总结。河岸带必须具有一定的宽度才能为大多数鸟类提供适宜栖息地。因此，在河流生态修复的总体规划中，如把鸟类也作为管理目标，河岸带缓冲区必须具有一定的宽度。

美国农业部林务局 1991 年制定的 "河岸植被缓冲带区划标准" 推荐的宽度在 30m 以上，普遍适用于与坡地农田、草地或牧场相邻的河溪、湖泊水塘、洪泛区、滨水湿地和其他较少污水排放区的河岸区域。因此，美国的许多城市滨河绿地缓冲带都参考这一标准。在美国，城市化滨河绿地设计中，缓冲带的宽度被确定为不少于 30m。当宽度大于 30m 时，能有效地起到降低温度，增加河流中生物食物的供应和有效过滤污染物等的作用；当宽度大于 80~100m 时，能较好地控制水土流失和河床沉积，保护野生动植物栖息地通常可以接受的最小宽度为 100m。

结合城市总体规划要求，按照《中华人民共和国防洪法》要求，成都市各规划防洪河道两岸分别规划了 5~200m 的保留区，保留区内可建设堤路和绿化，不得建设与防洪无关的工程设施。

河岸带作为鸟类栖息地的适宜性取决于如下几个因素：宽度、长度、破碎度、优势植物种、植物分层数。河岸带宽度通常与该区域及附近区域鸟类物种的丰度成正比。

3.4 生态护岸技术

河流廊道中的河道岸坡是河流的基本组成部分，典型河岸带由坡脚区、岸坡区、河漫滩区、过渡区和高地区五部分组成。其中，高地区处于洪水位以上，属于陆地生态系统，坡脚区、岸坡区和河漫滩区常年淹没于水下，属于河流生态系统，而过渡区是处于漫滩水位和洪水位之间的岸坡区域，部分时段受到河流泛滥影响，是水陆生态系统的过渡带（NRCS，2007）。河岸带是重要的生物栖息地单元，是陆生、湿生植物的生长场所及陆地和水域生物的生活迁移区，一些动物在此觅食、栖息、产卵和避难。

传统的河道整治工程从稳定河道的目的出发，常采用一些岸坡防护措施，如浆砌石、混凝土板等。这些工程措施会对河道岸坡自然栖息地造成不同程度的影响，导致栖息地质量下降。在水泥等现代材料出现以前，岸坡防护工程主要采取木、石、柴排等天然建筑材料，这些材料相对比较自然，对生物栖息地环境的冲击较小。伴随混凝土、土工膜等材料的广泛应用，河流渠道化问题凸现，造成关键生物栖息地丧失或连续性中断，加速了栖息地破碎化与边缘效应的发生，同时也造成了水体物理及化学过程的变化，使河流廊道的潜在栖息地消失，水体质量下降。除了河流地貌与生态系统结构发生改变外，孤立的栖息地碎块阻断了河流上、下游间的生物基因交流，从而影响了河流水生生物群落的迁移与生态演替，导致生物多样性丧失。尤其是河流廊道被渠道化整治之后，原来自然的河流廊道岸坡被混凝土护面所取代，阻隔了地表水与地下水的交换。另外，清除河道植被造成水温升高，冲积物与营养物增加导致水质恶化。由于栖息地丧失、破碎化以及边缘化效应，兼具生物栖息或迁移功能的河流廊道发生严重退化，进而使生物群落多样性降低。

近年来，开发和应用兼具生态保护、资源可持续利用以及符合工程安全需求的岸坡防护生态工程技术，已经成为河流整治工程的创新内容被广泛采用。现代河道岸坡防护工程设计倡导遵循"道法自然"的原则，除满足防洪安全、岸坡冲刷侵蚀防护、环境美化、休闲游憩等功能外，同时还须兼顾维护各类生物适宜栖息和生态景观完整性的功能。从工程设计角度出发，对于近自然化岸坡，在满足整体抗滑稳定性条件下，还要采用植被防护措施，使之满足水流冲刷侵蚀作用下的局部抗侵蚀稳定性要求，并有助于生物栖息地功能的加强。对于采用人工或天然材料的岸坡防护工程设计，要求这类岸坡防护结构具有表面多孔、材质自然、内外透水的特点，即要选用多孔透水性材料和结构，并且能满足抗滑、抗倾覆整体稳定性及抗冲蚀等局部稳定性要求。河道岸坡防护生态工程常用的结构和材料包括自然植被护坡、块石、梢料排体、铅丝石笼或铅丝网垫、混凝土空心块或铰接混凝土块（排体）、混凝土框架、土工格室、生态型混凝土、生态植被毯等。

对于多孔透水性岸坡防护结构，其技术关键在于护坡面层和其下部的垫层和反滤层设计，重点在于防止护坡面层下面的土体在波浪、水流及渗流作用下发生淘刷侵蚀破坏，从而保证防护结构的整体和局部稳定性。反滤层材料可选用植物纤维垫、土工布、软体排或碎石。应用土工布作为反滤层时，要求土工布满足保土性、透水性和防堵性三方面的要求，其主要设计指标包括等效孔径、孔隙率和法向渗透性，在拉伸强度和刺破强度方面也有一定的要求，详见土工合成材料应用技术规范。碎石反滤层和垫层的设计，可参照土石坝设计规范等技术标准。

在河道岸坡防护设计中，应根据河道岸坡的坡度、水流特点和土质条件等综合选择确定适宜的结构形式。而后，再根据不同设计洪水流量和水位，验算岸坡及防护结构在重力、水流拖拽力、坡内渗流作用力和波浪吸力作用下的整体稳定性和局部稳定性，例如岸坡的深层抗滑稳定、防护结构整体沿坡面的抗滑稳定性、单个块体的稳定性等。另外，需分析计算可能的坡脚淘刷深度及范围，据此确定防护结构向河床方向的延伸范围。在这类防护结构设计中，还需要通过人工种植或自然生长的技术途径，促进岸坡植被的发育。

部分河道治理工程在采用生态工程技术进行河道岸坡防护后，将在一定程度上缩小河道过流断面，增加河床糙率，降低河道过流能力，对河道两岸及上游防洪造成不利影响。为此，需采取相应的过流能力补偿措施，增加河道行洪能力。例如，若在凹岸采取块石和植被护岸工程措施，可开挖相应的部分凸岸边滩，并把开挖的砾石土堆填在凹岸。这一做法，不仅实施了岸坡防护工程，而且补偿了该断面的过流能力，同时也通过有效利用开挖料，降低了工程费用。

3.4.1 块石和植被

采用块石和植被进行岸坡防护是最常用的一种岸坡防护结构形式（图7.1），它具有防止水流冲刷和波浪淘刷及改善生物栖息地等多种功能。设计时，按河道防洪水位加一定安全超高确定防护高度范围。设计中须验算水流淘刷深度以确定块石防护范围，必要时在坡脚设置挡墙；按照满足在水流和波浪作用下的稳定性要求确定面层块石尺寸。块石层下面必须设反滤层，必要时还应设置垫层。从方便施工的角度出发，反滤层可采用透水性良好的土工布。从施工工艺要求出发，可采用抛石、干砌块石等材料和结构类型。对于流速较大河流，还可采用铅丝石笼。一般情况下不采用浆砌石护岸，以维持河岸结构的多孔性和透水性，适于生物的生长发育。但在凹岸水流顶冲强烈的河段，为保证岸坡稳定，局部采用浆砌石也是必要的。

在块石护岸及以上区域种植适生植物或依赖自然生长形成植被。块石缝隙可为鱼类和其他野生动物提供多样性的栖息地环境，植物生长后形成的植被既可消散能量、减缓流速、促进携营养物的泥沙淤积，又可为野生动物提供产卵环境、遮阴和落叶食物，也是河

项目 7 生态护岸设计与施工

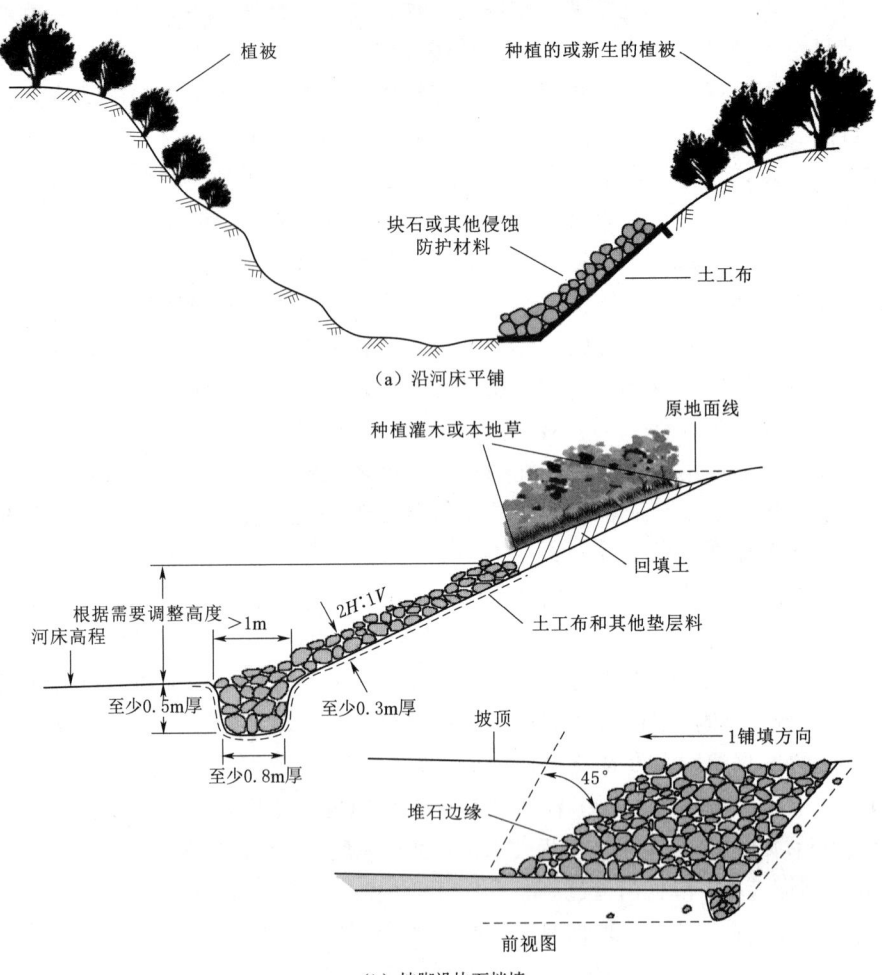

(a) 沿河床平铺

(b) 坡脚设块石挡墙

图 7.1 块石和植被护岸结构形式示意图

流的一个营养物输入途径。同时,可形成天然景观,提升岸坡的整体自然美学价值。块石和植被促使的泥沙淤积也为其他植被的生长提供了基质条件。

块石工程设计和施工中应注意如下几方面的技术问题。

(1) 面层块石最小粒径要满足抵御波浪和水流冲刷两方面的作用,在波浪作用下,可简单地采用式 (7.1) 确定:

$$D_{n50} = 0.34 \frac{H_i}{s-1} I_r^{0.5} \tag{7.1}$$

其中

$$H_i = 1.3 H_s$$

$$s = \frac{\rho_s}{\rho_w}$$

式中:D_{n50} 为块石尺寸(按立方块折算,所用块石中小于该尺寸的块石质量占总质量的 50%);H_i 为最大波高;H_s 为统计波高;s 为材料的相对密度;ρ_s 为石块的重率;ρ_w 为水的重率。

$$I_r = \frac{\tan\alpha}{[(2\pi H_i)/(1.3gT_z^2)]^{0.5}} \quad (7.2)$$

H_s 和 T_z（波浪周期）可以利用简化的 Sverdrup – Munk – Bretschneider (SMB) 方程 (Hemphill & Bramley, 1989)[式 (7.3) 和式 (7.4)] 进行计算。

$$H_s = 0.00354(U_{10}^2/g)^{0.58}F^{0.42} \quad (7.3)$$

$$T_z = 0.581(FU_{10}^2/g^3)^{0.25} \quad (7.4)$$

式中：U_{10} 为平均水位以上 10m 位置的风速；F 为工程区位置的风区长度；g 为重力加速度。

在水流冲刷作用下，可应用 Isbash (1970) 公式[式 (7.5)] 计算确定块石尺寸：

$$D_{n50} = C\frac{V_c^2}{g(s-1)\Omega_1} \quad (7.5)$$

$$\Omega_1 = \sqrt{1-\left(\frac{\sin\alpha}{\sin\phi}\right)^2}$$

式中：V_c 为水流流速（河床往上 10% 水深位置）；Ω_1 为边坡系数；α 为坡角；ϕ 为块石的内摩擦角。

$C=0.3$：低扰动（如正常水流条件）。

$C=0.7$：高扰动（如因船艇引起的回流）。

$C=1.3$：射流条件时（如船螺旋桨所产生的水流或控导结构下游的水流）。

（2）可用级配良好的碎石或土工布作为反滤层。碎石反滤层可由一层或多层组成，当流速大于 3m/s 时不宜采用碎石作为反滤层。反滤层设计应满足相关的设计准则。工程施工应选择在低水位时进行，并尽量避开鱼类的产卵期和迁徙期。抛石应注意均匀性，单层块石厚度可在 30cm 左右。

（3）在块石间隙扦插活枝条或木桩时，应确保块石间隙已被土壤填实，并且在块石间隙中的土体厚度至少应达到块石平均厚度的一半。对于已经完建的工程，可使用钢桩创造扦插活枝条或木桩所需的间隙。对于施工中的工程，可同时扦插活枝条。

3.4.2 生态型挡土墙

生态型挡土墙可分为格宾石笼、石笼垫、块石挡土墙或土工格室挡土墙等结构形式，一般适于岸坡相对较陡的河段（图 7.2）。需要进行挡土墙及岸坡土体的抗滑稳定、墙体抗倾覆稳定以及加筋土工布或格栅的抗拉拔稳定性验算。挡土墙后一般设土工布反滤层，以保证植被发育前墙后土体的抗侵蚀稳定性。

石笼垫是由块石、铅丝或低碳钢丝做成的长方体毯状结构，铺设在岸坡上抵抗水流冲刷，其厚度通常为 20～40cm。石笼垫底面设置反滤层，上面插种活的植物枝条并可敷土后撒播草种。这项岸坡防护技术适用于高流速、冲蚀严重且岸坡渗流作用力强的缓坡河岸。应做好护脚，以防止石笼垫下滑。在雨量丰沛或地下水位高的河岸区域可利用其多孔性进行排水。石笼垫属柔性结构，挠曲性较好，能适应比较大的岸坡不均匀沉陷变形。由于有铅丝网的约束作用，块石直径变化范围可以较大，对块石的质量要求较低。石笼垫与岸坡土体间必须设置碎石或土工布反滤层，避免水流或波浪对岸坡土体的淘刷侵蚀。碎石

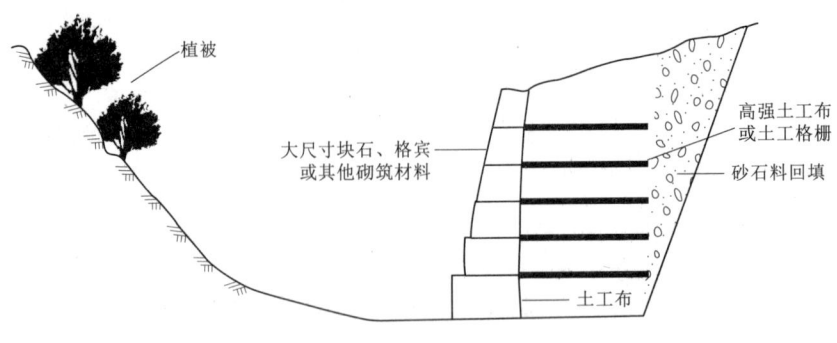

(a) 格宾石笼挡土墙防护结构示意图

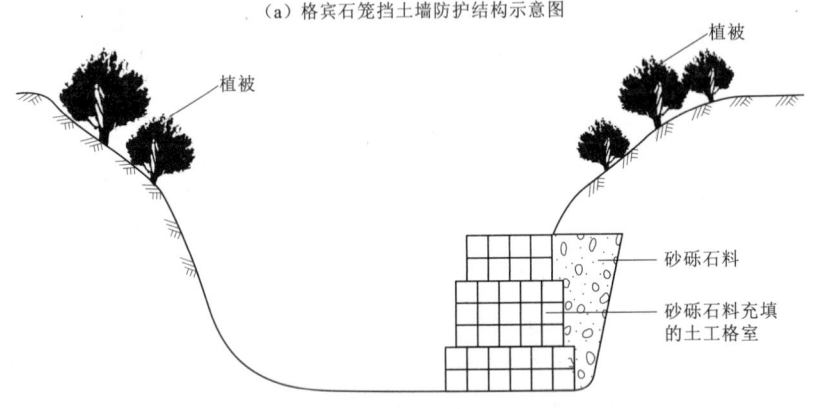

(b) 土工格室挡土墙防护结构示意图

图 7.2 挡土墙形式护岸示意图

反滤层的粒径一般在 20~30mm 之间选取。若用土工布作为反滤材料，土工布之间的搭接长度要不少于 30cm。在铺设、拖拉土工布及放置石笼时，要避免对土工布产生损伤。

(a) 土工格室挡墙照片

(b) 土工格室展开后的形状

图 7.3 土工格室挡墙示意图

挡墙要深入河床至少 0.6m 以上，墙后有效排水路径要在冻土深度以下。墙体要向岸坡内倾斜，侧面坡度为 1H:6V（水平向:垂向）。块石要按照最大接触面积相互搭接，底面坡度为 6H:1V（水平向:垂向）墙体后面的土压力 P_A 按主动土压力计算。块石间扦插的灌木枝条要深入墙后土体，枝条轴向要垂直于墙体外坡面。

土工格室挡土墙是利用土工格室的围拢和加筋作用发挥岸坡防护作用的。土工格室是由聚乙烯片材经高强度焊接而制成的一种三维网状格室结构，具有伸缩自如、运输可缩叠、施工时可张拉成网状等特性，如图 7.3 所示。土工格室可置于岸坡土体中，并在形成的格室里面放置腐殖土、本土植被物种、碎石等材料组成的混合物，同时还可扦插不同植物类型的活枝条，构成具有较强侧向限制和较大刚度的结构体。这项技术适用于水位变动区以上不会发生频繁冲刷的岸坡防护工程，岸坡不宜陡于1：1.5。工程施工中，首先要将岸坡整平，避免出现局部突起或凹陷。土工格室施工时将原本闭合的材料充分展开，铺设于坡面上，并将土工格室的一边以木桩固定，注意保持每个格室的展开形状基本一致。然后，自下而上进行混合物的填充，填充材料应将土工格室完全覆盖，并轻微夯实。活枝条顶端稍微出露，并与坡面保持垂直。

3.4.3 植物纤维垫

植物纤维垫一般采用椰壳纤维、黄麻、木棉、芦苇、稻草等天然植物纤维制成（也可应用土工格栅进行加筋），可结合植被一起应用于河道岸坡防护工程，如图7.4所示。一般情况下，这类防护结构（图7.5）下层为混有草种的腐殖土，植物纤维垫可用活木桩固定，并覆盖一薄层表土；可在表土层内撒播种子，并穿过纤维垫扦插活枝条。

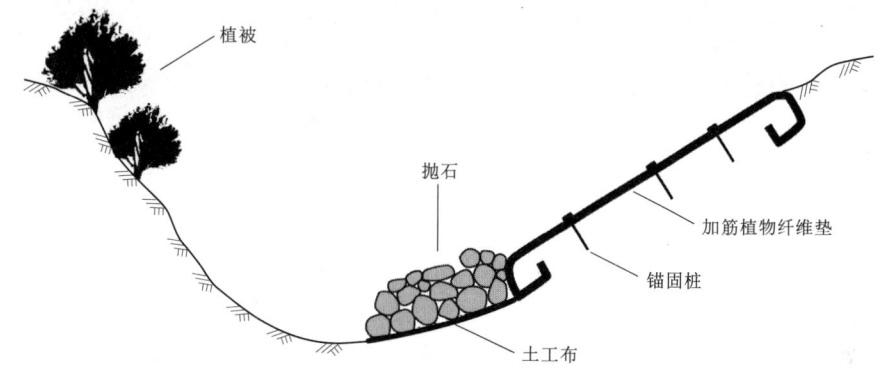

图7.4 采用植物纤维垫的岸坡防护结构示意图

由于植物纤维腐烂后能促进腐殖质的形成，可增加土壤肥力。草籽发芽生长后通过纤维垫的孔眼穿出形成抗冲结构体。插条也会在适宜的气候、水力条件下繁殖生长，最终形成的植被覆盖层可营造出多样性的栖息地环境，并增强自然美观效果。

这项技术结合了植物纤维垫防冲固土和植物根系固土的特点，因而比普通草皮护坡具有更高的抗冲蚀能力。它不仅可以有效减小土壤侵蚀，增强岸坡稳定性，而且还可起到减缓流速，促进泥沙淤积的作用。

这种护坡技术主要适用于水流相对平缓、水位变化不太频繁、岸坡坡度缓于1：2的中小型河流，设计中应注意如下几方面的问题：

（1）制订植被计划时应考虑到植物纤维降解和植被生长之间的关系，应保证织物降解时间大于形成植被覆盖所需的时间。

（2）植物纤维垫厚度一般在2～8mm之间，撕裂强度>10kN/m，经过紫外线照射后，强度下降不超过5%，经过酸碱化学作用后强度下降不超过15%；最大允许等效孔径（O_{95}）可参考表7.1，结合实际情况进行选取。

（3）草种应选择多种本土草种；扦插的活枝条长度一般为0.5～0.6m、直径10～25mm；活木桩长度一般为0.5～0.6m，直径50～60mm。

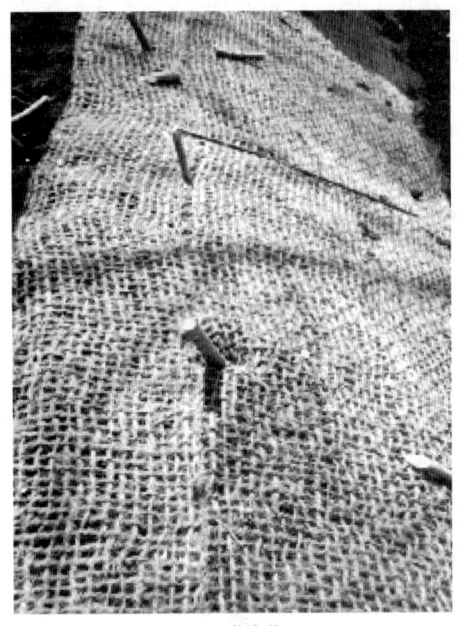 

(a) 黄麻垫　　　　　　　　　　　　　(b) 利用土工格栅加筋的植物纤维垫

图 7.5　植物纤维垫结构示意图

工程施工中，首先将坡面整平，并均匀铺设 20cm 厚的混有草种的腐殖土，轻微碾压，然后自下而上铺设植物纤维垫，使其与坡面土体保持完全接触。利用木桩固定植物纤维垫，并根据现场情况放置块石（直径 10～15cm）压重。然后在表面覆盖一薄层土，并立即喷播草种、肥料、稳定剂和水的混合物，密切观察水位变化情况，防止冲刷侵蚀，最后再扦插活植物枝条。植物纤维垫末端可使用土工合成材料和块石平缓过渡到下面的岸坡防护结构，顶端应留有余量。

表 7.1　　　　　　　　　　　　植物纤维垫设计参数取值

土壤特性	岸坡坡度	最大允许等效孔径 O_{95}		
		播种时间距发芽期时间很短	播种时间距发芽时间在 2 个月内	播种时间距发芽时间超过 2 个月
黏性土	<40°	—	—	—
	>40°	—	$4d_{85}$	$2d_{85}$
无黏性土	<35°	$8d_{85}$	$4d_{85}$	$2d_{85}$
	>35°	$4d_{85}$	$2d_{85}$	d_{85}

注　d_{85} 表示被保护土的特征粒径，即小于该粒径的土质量占总质量的 85%。

3.4.4　铰接混凝土块护岸

铰接混凝土块护坡是一种连锁型高强度预制混凝土块铺面系统，由一组标准的预制混凝土块用镀锌的钢缆或聚酯缆绳连接、或通过混凝土块相互咬合连接构成，结构如图 7.6～图 7.8 所示。

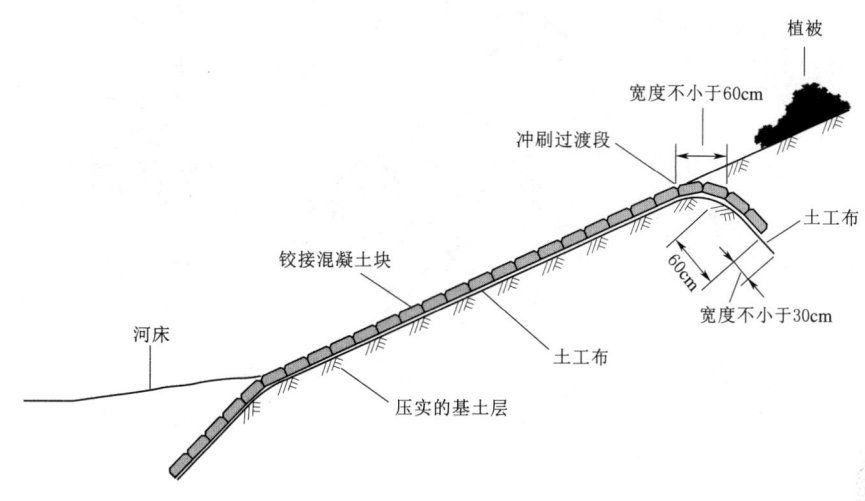

(a)单一土工布反滤层结构

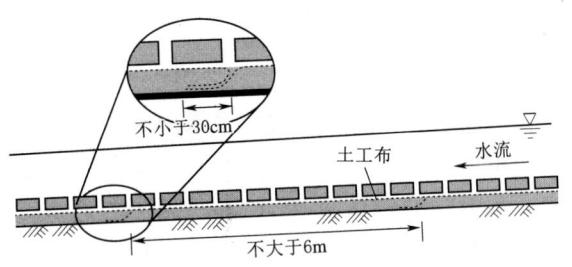

(b)土工布包裹碎石的反滤和垫层结构

(c)工程效果照片

图 7.6 铰接式混凝土块护岸

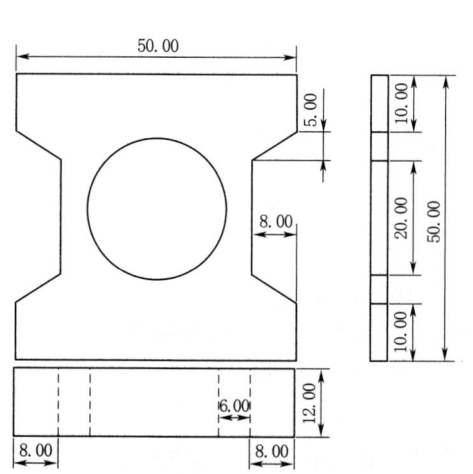

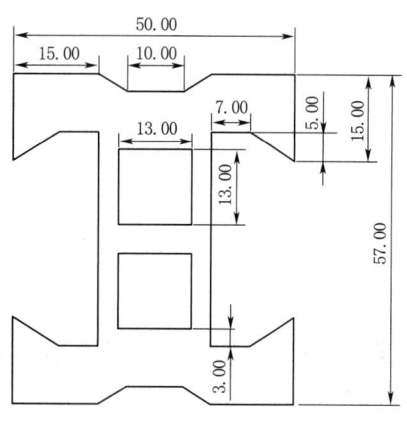

图 7.7 两种混凝土自锁块结构示意图（单位：cm）

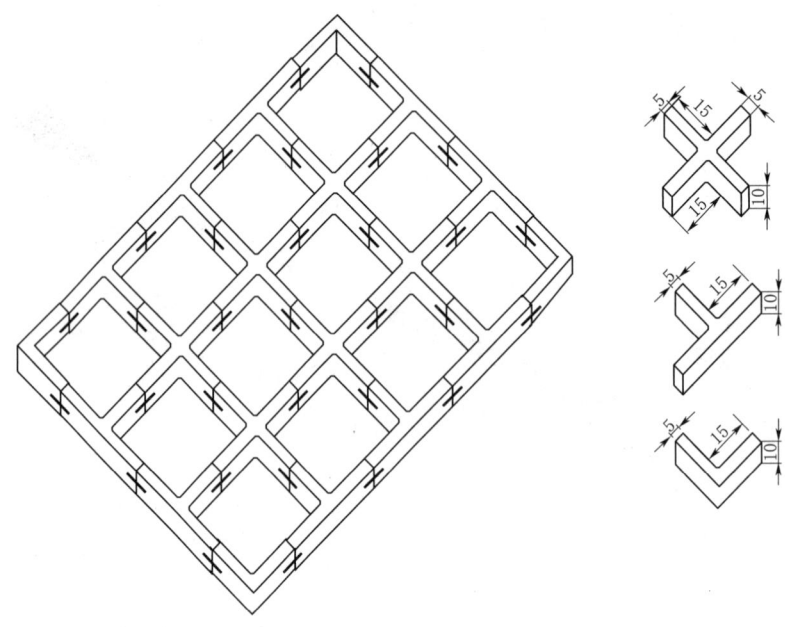

图 7.8 互相咬合的混凝土块（单位：cm）

这类结构的特点是整体性强、施工效率高和防护效果好。为避免岸坡的硬质化，需采用空心混凝土块，其孔隙率要满足充填表层土或砾石材料的要求，这不仅使护坡结构具有多孔性和透水性，而且还允许植物生长发育，改善岸坡栖息地条件，增加美学效果。这种技术适用于水流流速较高和风浪淘刷侵蚀严重、坡面相对平整的河道岸坡。铰接混凝土块空隙间种植或自然发育形成的适宜植物类型为本土草，应避免种植灌木和树木，以免其根系生长造成铰接混凝土块被顶破。铰接混凝土铺面底面须设置反滤层和垫层，可选用土工布或碎石，按照相关反滤设计准则设计；被保护土为粉砂或细砂时还需设置垫层，以防治岸坡土颗粒流失，保证防护结构的长期整体稳定。

利用混凝土块相互咬合形成的混凝土连锁块铺面系统中，混凝土块两侧腰部有槽，以便自锁。水泥标号可选用 C20，混凝土最大水灰比为 0.55，坍落度 3～5cm，掺 20%～30%粉煤灰和 0.5%的减水剂，以降低用水量和水泥用量。为了提高混凝土耐久性，宜掺用引水剂，控制新拌混凝土含气量。考虑到混凝土制品碱性大而不利于植物生长等因素，在混凝土搅拌时可加入适量的醋酸木质纤维，醋酸用于中和混凝土的碱性。木质纤维在保证混凝土碱性降低的情况下增加产品强度，经过一段时间后，木质纤维开始分解产生酸类物质对混凝土碱性再次中和，并形成微孔通道。预制浇筑混凝土块时宜采用钢模，并用平板振捣器振实，以确保混凝土浇筑质量。钢模的尺寸应比设计图周边缩小 2mm，以防止制出的预制块嵌入困难。预制块的龄期至少满 14 天后方可铺设。

3.4.5 植物梢料

利用植物的活枝条或梢料，按照规则结构形式，做成梢料排、梢料层、梢料捆等，如图 7.9 所示，可用于河道岸坡侵蚀防护，它是一种古老的岸坡防护生态工程技术，在我国

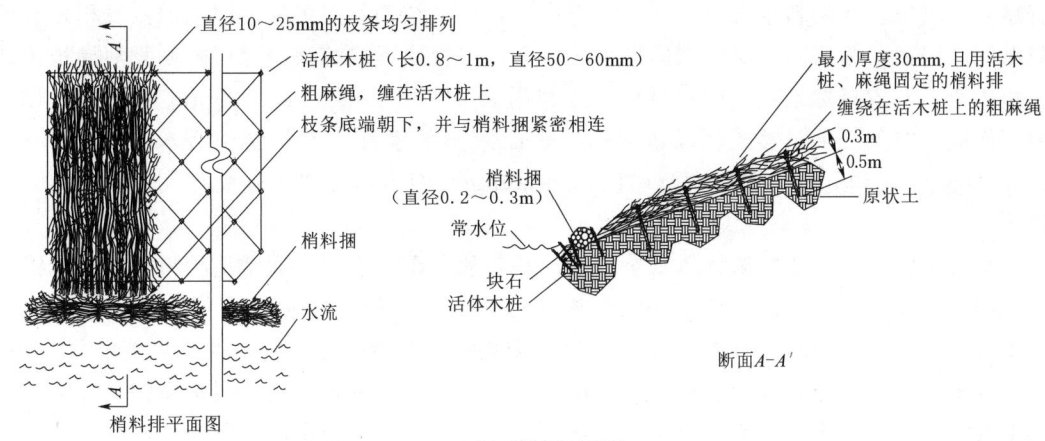

(a) 梢料排示意图

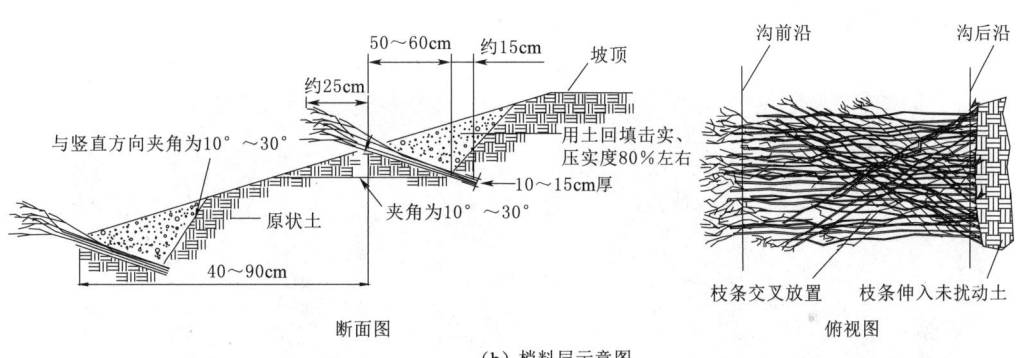

(b) 梢料层示意图

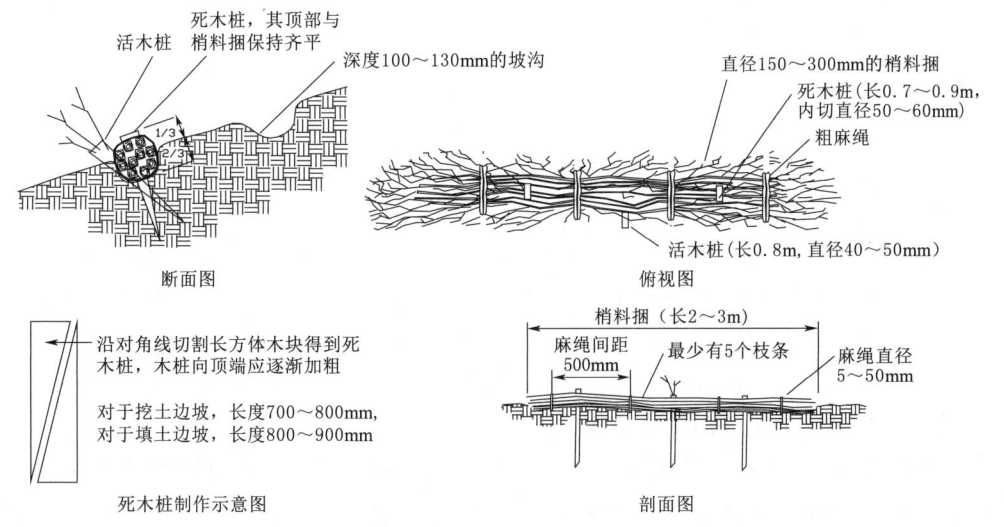

(c) 梢料捆示意图

图 7.9 利用植物梢料进行岸坡防护的结构示意图

有悠久的历史。在梢料生长发育到一定程度后,这类结构不仅可促使河水泥沙淤积,有效减小河岸侵蚀,为河岸提供直接的保护层,而且能较快形成植被覆盖层,恢复河岸植被和河边生境,形成自然景观。梢料材料一般利用长2~3m、直径10~25mm的活植物枝条加工而成,枝条必须足够柔软以适应边坡表面的不平整性。梢料要用活木桩(长0.8~1m,直径50~60mm)或粗麻绳(直径5~30mm)固定,可用少量块石(直径约20cm)压重。

梢料排的施工一般在植物休眠季节(通常是秋冬季)进行。通常把梢料排的下缘锚定在沟渠内,并使用一个由活枝条加工而成的梢料捆(直径0.2~0.3m)和若干块石保护其下缘免受水流冲刷破坏(图7.10)。要把麻绳缠绕在木桩上,使枝条尽可能贴紧岸坡。夯击活木桩,打进枝条间的土壤中,并使麻绳尽可能地拉紧,从而把枝条压到土坡上。梢料捆和枝条施工完成后,将土置于梢料捆顶端,使其顶部稍微露出。用松土填满枝条之间的空隙,并轻微夯实以促进生根。如需要多段梢料排,应进行有效搭接。搭接处枝条要叠放,并用多根麻绳加固。

(a) 梢料排的施工

(b) 梢料排在1年后的发育状况

图7.10 梢料排的应用

梢料层的施工过程中,首先要将活体枝条(长0.8~1.0m、直径10~25mm)置于填土土层之间或埋置于开挖沟渠内。从边坡的底部开始,依次向上进行施工。可用上层开挖的土料对下层进行回填,依次进行。梢料层安放层面应该稍微倾斜(水平角一般为10°~30°)。枝条以与岸线正交的形式安放,并使其顶端朝外,其后端应插入未扰动土20cm左右。在枝条上部进行回填,并适当压实。根据坡角、场地和土壤条件及在边坡上的位置差别,梢料层水平层间距保持在40~90cm之间,下半部分比上半部分排列紧密,最下端可用梢料捆(直径20~30cm)或纤维卷等进行防护,并用土工布将梢料捆包裹,土工布要留出多余长度,并延伸至下面护岸结构。

梢料捆的枝条用粗麻绳绑成直径一般为150~300mm的捆。从边坡底部开始,沿着等高线挖一条轮廓稍小于枝条捆尺寸的沟。整捆枝条的顶部应均匀错开。把梢料捆放于沟内后,将死木桩直接插进捆内,它们的间隔一般为600~900mm,木桩的顶端应与梢料捆保持齐平。沿河岸向上以规则的间隔开挖沟渠,沿着梢料捆两边填埋一些湿土,并适当夯实。为防止植被发育完成并发挥侵蚀防护功能前水流的淘刷侵蚀,梢料捆可与植物纤维垫组合应用，如图 7.11 所示。

3.4.6 生态型混凝土护坡

生态型混凝土是以水泥、不连续级配碎石、掺和料等为原料，制备出满足一定孔隙率和强度要求的无砂大孔隙混凝土（图 7.12）。这种混凝土在外型上呈米花糖状，存在许多连续孔隙。用 $FeSO_4$ 进行降 pH 值处理后，将种子和营养土填入混凝土孔隙中，植物在混凝土孔隙内发芽和生长，然后通过混凝土孔隙扎根于基土。该种混凝土除了起到良好的护坡作用外，还由于其自身的多孔性和良好的透气透水性，能实

图 7.11　梢料捆与植物纤维垫的组合应用

现植物和水中生物在其中的生长，起到加强生物栖息地和改善景观的多重功能。这类结构养护成本较高，适于年降雨量大、气候湿润的地区，用于河岸淘刷侵蚀严重的河段。

　　（a）施工照片　　　　　　　　　　　　（b）植被发育效果照片

图 7.12　生态型混凝土护坡

3.4.7 土工织物扁袋

土工织物扁袋是把天然材料或合成材料织物，在工程现场展平后，上面填土，然后把土工织物向坡内反卷，包裹填土（图 7.13）。土工织物扁袋在岸坡上呈阶梯状排列，土体包含草种、碎石、腐殖土等材料。在上、下层扁袋之间放置活枝条。天然材料织物扁袋抵御冲刷侵蚀的时间一般为 1~4 年，可为岸坡植被的形成创造有利条件。在抗冲刷侵蚀要求较高的区域，应采用合成材料。这类结构需应用有效的护脚措施，如采用石笼、抛石等。

这种技术主要适用于较陡岸坡的侵蚀防护，并起到护脚和增加边坡整体稳定性的作用。与常规的灌木植被防护技术相比，能抵御相对较大的流速。土工袋具有较高的挠曲性，可适应坡面的局部变形，并可形成阶梯坡状，因此特别适用于岸坡坡度不均匀的区域。

扁袋土体内可掺杂植物种子，生长发育后形成植被覆盖。上、下扁袋层之间的活枝条发育后，其顶端枝叶可降低流速和冲蚀能量，并可最终形成自然型外观，而在土体内部的根系具有土体加筋功能。在冲刷较严重的坡脚部位，采用石笼或抛石可保持岸坡稳定，并

图 7.13 土工织物扁袋示意图

提供多样性栖息地环境。

设计施工中应注意如下几方面的问题：

(1) 石笼或抛石护脚应延伸到最大冲刷深度，其顶部应高出枯水位。石笼的孔眼为编织成的六边形结构，所采用铁丝的直径在 3 mm 左右，铁丝经过镀锌处理后，应用 PVC 加以包裹，以防止紫外线照射及增强铁丝的抗磨损属性。石笼内填充块石的粒径宜取为石笼孔径的 1.5～2.0 倍。

(2) 扁袋采用自然材料（如黄麻、椰子壳纤维垫）或合成纤维制成的织造或非织造土工布（孔径 2～5mm，厚度 2～3mm）做成，可为单层或双层，内装卵石（粒径 30～50mm）、不规则小碎石（粒径小于10mm）、腐殖土及植物种子等材料。土工布回包后形成的扁袋高度一般介于 20～50cm 之间，可以水平放置，也可与水平方向呈 10°～15°夹角，沿岸坡纵向搭接长度 50～100cm。必要时用长 50cm 左右的楔形木桩对扁袋加以固定。岸坡面上应铺设土工布或碎石作为反滤层。对应不同水位，可以分别选择不同的反滤措施。土工布应满足反滤准则要求。

(3) 土工袋中的植物种子应包括多种本地物种，并至少包括一种生长速度比较快的植物物种。上、下层扁袋之间的插条长度一般为1.5～3.0m、直径一般为10～25mm，插条的粗端应插入土体中10～20cm，其长度的75%应被扁袋覆盖。插条的物种种类和直径大小应具有多样性，插条间距为5～10cm，插条方向应与水流方向垂直或向下游稍微倾斜。

(4) 工程施工中，应首先将边坡大致整平，并铺设反滤层，使其与坡面紧密接触。适当开挖坡脚河床，然后安装石笼，并与水平面保持一定角度。扁袋施工时，先铺设底层土工布，随后将腐殖土和碎石的混合物放置其上，植物种子掺杂在较上部位的土体中，然后用土工织物包裹。土工织物至少要搭接20cm，然后在上面放置插条，并用上层扁袋压实。按此工序依次向上进行施工，最终形成阶梯状坡面结构。施工过程中应严格控制土工织物的搭接及与其他防护结构过渡连接的质量，并尽量减少对岸边原生植被的扰动。施工应选择在插条冬眠期及枯水位期间进行，并尽量避开鱼类的产卵期和迁徙期。

3.4.8 木框挡土墙

木框挡土墙是由未处理过的圆木相互交错形成的箱形结构，在其中充填碎石和土壤，并扦插活枝条，构成重力式挡土结构（图7.14）。这类结构高度一般不超过2m，长度不超过6m。主要应用于陡峭岸坡的防护，可减缓水流冲刷，促进泥沙淤积，快速形成植被覆盖层，营造自然型景观，为野生动物提供栖息地环境。枝条发育后的根系具有土体加筋功能。木框挡土墙的圆木可向水中补充有机物碎屑，其间隙为野生动物提供遮蔽所。木框挡土墙设计和施工中应注意以下几方面的技术问题：

(1) 要对木框挡土墙抗倾倒稳定性进行分析，并核算结构基础的承载能力。

(2) 在木框挡土墙内填充时，应避免填充料在圆木间隙漏掉，可将粒径大的材料放置在边缘处，由外向内填充料粒径逐渐变小。

(3) 圆木直径应为0.1～0.15m，且有满足工程设计要求的足够长度。插条的直径应为10～60mm，并且应有足够长度以插入木框墙后面的河岸中。

木框挡土墙施工前要对坡脚进行开挖，并使木框墙的踵部位置比趾部位置挖深15～

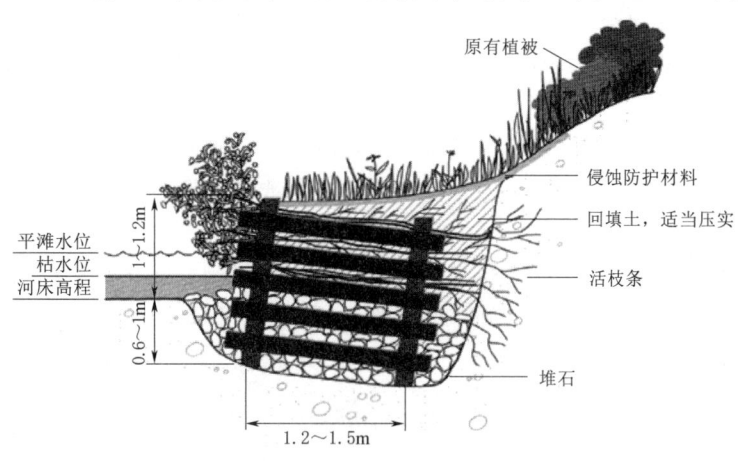

图7.14 木框挡土墙示意图

30cm，以使木笼墙的顶部能抵在河岸上。首先将第一层圆木以 1.2～1.5m 的间隔平行于河岸放置，然后将第二层圆木垂直于岸坡表面放置于第一层圆木上，并伸出 7～15cm。用钢筋或耙钉把上、下两层圆木固定在一起。按照这一工序，依次进行上部结构的施工，直至达到设计高度。随后，在木框挡土墙中填充碎石，达到平均枯水位，然后填充土，埋设活枝条。枝条应埋深至河岸的未扰动土体，交替放置土层和枝条层。要对表层土进行平整并平顺过渡到上部岸坡。

3.4.9 石笼

石笼是国内常采用的传统结构，经常与抛石护脚结合使用，具有较大的体积、重量，抗冲性强，柔韧性较好，能适应河床变形的要求。石笼的运用在欧洲已有 100 多年的历史，国内采用过的石笼有竹笼、铅丝笼、木笼、钢筋（丝）笼以及用土工网、土工格栅做成网格笼状物等，内装块石、卵石。石笼大小可根据水深、流速、施工条件确定，在使用时将石笼大体按一定坡度依次从河底紧密排放至最低枯水位以下。钢丝石笼结构宜符合下列规定：

（1）石笼所用钢丝需采用防腐镀层等处理，并应用聚合物包裹。

（2）石笼内填筑的石料必须质地坚硬、表面洁净，耐久且抗风化性强；直径宜大于石笼网孔，宜为石笼网孔孔径的 1.5～2.0 倍，不在外表面的石料尺寸可适当减小。

（3）石笼结构临土侧宜设置反滤结构。

（4）填充石块时，常水位以上结构宜在孔隙间人工填塞耕植土，为植被创造生存条件。

3.4.10 反滤层设计

如前所述，河道岸坡防护生态工程技术的一个技术关键是采用多孔透水性材料，需要采用土工布或碎石作为反滤层和垫层，防止河道岸坡土体颗粒在水流、波浪或坡面渗流的作用下通过防护面层空隙流失，发生侵蚀破坏，并因此导致防护结构整体丧失稳定性。在一些发达国家十分强调反滤层在护岸坡防护工程中的作用，要求无论是水下部分的护岸还是水上部分的护坡，都要设置反滤垫层。即使抛石也不能直接作用于河床之上，要在抛石和河床之间设置反滤垫层。传统的碎石反滤技术相对比较成熟，工程应用经验比较多，在此不再赘述，只对目前应用相对比较广泛的土工织物滤层设计进行阐述。

土工织物滤层的设计应综合考虑被保护土的性质、滤层材料的性质、渗透水流的特性和被保护土与滤层的系统特性，并遵循四条准则：保土性准则、透水性准则、防堵性准则和强度准则。

（1）<u>保土性准则</u>：土工织物的孔径必须满足一定的准则，防止被保护土土粒随水流流失。一般按土工织物有效孔径与土的特征粒径之间关系表征，土工织物有效孔径应符合式（7.6）：

$$O_{95} \leq n d_{85} \tag{7.6}$$

式中：O_{95} 为土工织物的等效孔径，mm；d_{85} 为被保护土的特征粒径，即土中小于该粒径的土质量占总质量的 85%，采用试样中最小的 d_{85}，mm；n 为与被保护土的类型、级配、织物品种和状态有关的经验系数，按表7.2采用。

当预计土工织物连同其下被保护土可能产生一定位移时，n 值应采用0.5。土的不均匀系数 C_u，应按式（7.7）计算：

$$C_u = \frac{d_{60}}{d_{10}} \tag{7.7}$$

式中：d_{60}、d_{10} 分别为小于该粒径的土质量占总土质量的60%和10%。

表7.2　　　　　　　　　　　　建议的经验系数 n 取值

被保护土细粒（$d \leqslant 0.075$mm）含量	土的不均匀系数或土工织物类型		n 值
≤50%	$C_u \geqslant 8$ 或 $C_u \leqslant 2$		1
	$4 \leqslant C_u > 2$		$0.5 C_u$
	$8 > C_u > 4$		$8/C_u$
>50%	有纺织物 无纺织物	$O_{95} \leqslant 0.3$mm	1 1.8

（2）**透水性准则**：土工织物的渗透系数应大于土的渗透系数（具有适宜的透水能力），保证渗流水通畅排走。可首先利用式（7.8）和式（7.9）计算出土工织物提供的透水率 ψ_a 和要求的透水率 ψ_r，然后利用式（7.10）进行判定。

$$\psi_a = \frac{k_v}{\delta} \tag{7.8}$$

$$\psi_r = \frac{q}{\Delta h A} \tag{7.9}$$

$$\psi_a \geqslant F_s \psi_r \tag{7.10}$$

式中：k_v 为土工织物的垂直渗透系数，cm/s；δ 为土工织物厚度，cm；q 为流量，cm^2/s；Δh 为土工织物两侧水头差，cm；A 为土工织物过水面积，cm^2；F_s 为安全系数，应不小于3。

（3）**防堵性准则**：土工织物应具有高孔隙率，且分布均匀，适宜水流通过，多数孔径应足够大，允许较细的土颗粒通过，防止被细粒土堵塞失效。土工织物防堵性要求其孔径符合以下条件：

1) 当被保护土级配良好、水力梯度低、流态稳定、修理费用小及不发生淤堵时：

$$O_{95} \geqslant 3 d_{15} \tag{7.11}$$

式中：d_{15} 为被保护土的特征粒径，mm，即小于该粒径的土质量占总土质量的15%。

2) 当被保护土易管涌、具有分散性、水力梯度高、流态复杂、修理费用大时，若被保护土的渗透系数 $k_s \geqslant 10^{-5}$cm/s：

$$GR \leqslant 3 \tag{7.12}$$

式中：GR 为梯度比，指水流垂直通过土工织物和25mm厚土层的水力梯度与通过上覆50mm厚土层的水力梯度的比值。

若被保护土的渗透系数 $k_s < 10^{-5}$cm/s，需应用现场土料进行长期淤堵试验，观察其

淤堵情况。

(4) **强度准则**：土工织物应具有足够的强度，以抵御施工干扰破坏。

上述准则中有三个与被保护土的粒径有关，因此土的级配是设计的基础数据。

在河流生态修复工程的设计中，除了对土工织物的保土性、透水性、防堵性及强度有所要求外，对于土工织物的可栽种性或可扎根性也有所要求。土工织物的可植根性是由许多不同因素决定的，它不仅与土工织物的等效孔径、厚度、构造等特性有关，而且还与使用地点的气候条件、降水、土壤湿度、养分含量等因素相关。从防堵性、渗透性和可植根性等方面综合考虑，一般选用等效孔径较大的土工织物。

4 引导问题

(1) 河岸带缓冲区宽度确定与哪些因素有关？

(2) 不同生态护岸类型的适用条件有哪些？

5 工作任务

5.1 清水河适宜河岸带缓冲区宽度计算

5.2 不同河段生态护岸类型比选及施工技术

6 过程实施

6.1 清水河适宜河岸带缓冲区宽度计算

依据"河岸植被缓冲带区划标准"和成都市城市规划和防洪规划等指导文件，并结合成都市清水河生态系统现状，综合确定不同河段缓冲带宽度。

6.2 不同河段生态护岸类型比选及施工技术

结合河段划分，根据河道的自然特性，综合考虑生态护岸的安全性、生态性、景观性和施工难度等因素，开展不同河段生态护岸比选，并制定各护岸的施工步骤。

7 评价反思

（1）数字仿真模拟在河流形态修复中可以起到的作用。

（2）学习心得体会总结。

（3）教师点评。

项目8 水生态系统栖息地加强结构设计

1 学习目标

掌握砾石群、生态堰坝等河道内栖息地加强结构营造技术。

2 重要概念

河道内栖息地：具有生物个体和种群赖以生存的物理和化学特征的河流区域。

河道内栖息地加强结构：利用木材、块石、适宜植物以及其他生态工程材料相结合而在河道内局部区域构筑的特殊结构，这类结构可通过调节水流及其与河床或岸坡岩土体的相互作用而在河道内形成多样性地貌和水流条件，例如水的深度、湍流和均匀流、深潭或浅滩等，从而增强鱼和其他水生生物栖息地功能，促使生物群落多样性的提高。

3 相关知识

河道内栖息地加强结构类型一般分为五大类：砾石/砾石群，具有护坡和掩蔽作用的树墩，叠木支撑，挑流丁坝和堰坝。

3.1 砾石/砾石群

传统水利工程从防护、航运等目的出发，往往要清除河道内障碍（如突出的砾石），从而使河床相对比较平坦。不过，河道障碍物的清除及河床平坦化将直接导致栖息地多样性和复杂度的丧失。在均匀河道断面上安放砾石或砾石群可以增加或修复河道结构的复杂度和水力条件的多样性，这对于很多生物都是非常重要的，包括水生昆虫、鱼类、两栖动物、哺乳动物和鸟类等。除此之外，其对生物的多样性、组成、水生生物群的分布也具有重大影响。

在河道内安放单块砾石和砾石群有助于创建具有多样性特征的水深、底质和流速条件，从而增加平滩河道的栖息地多样性。砾石之间的空隙是良好的遮蔽场所，砾石还有助于形成相对比较大的水深、气泡、湍流以及流速梯度。根据 Ward（1997）的研究，这种流速梯度条件对于鲑鱼的幼苗和成鱼都是十分有益的，能够使它们在不消耗很大能量的情况下，在激流中保持在某一个位置。除鱼类之外，砾石所形成的微栖息地也能为其他水生生物提供庇护所或繁殖栖息地，比如，砾石的下游面流速比较低，一些河流中的石蛾、飞蝼蛄、石蝇等动物均喜欢吸附在此处。

砾石群的栖息地加强作用能否充分发挥取决于很多因素，在设计中必须给予重视，如河道坡降、河床底质条件、泥沙组成及其运动力学问题等。在回水河段，一般不会形成冲坑，如果细颗粒泥沙含量很高，砾石下游的冲坑很可能被很快淤积，这些问题都将不利于水流条件多样性的形成和砾石群栖息地加强功能的充分发挥。对于砾石自身的稳定问题，泥沙淤积所造成的砾石被掩埋等问题，在设计中也应进行认真细致的分析。如果存在主槽摆动的情况，将会因主槽偏离砾石群而使其丧失栖息地功能，这种技术在这种情况下不再适用。

在设计中还应注意砾石群带来的洄水问题，不同的砾石排列模式、间距、位置及对水流的约束程度都将对工程区上游河段造成不同程度的影响（图8.1），从而产生泥沙淤积、局部区域水位过高及河岸侵蚀等问题。当砾石群安放在相对较高的河床位置时，最可能引起洄水问题。因此，设计中应对可能出现的淘刷、淤积、洪水和河岸侵蚀等问题给予高度重视。

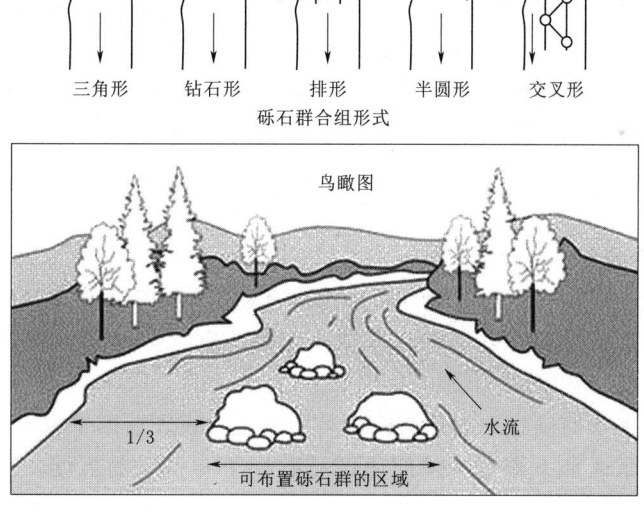

图8.1 砾石群布置方式图

在砾石群的设计中，不仅要考虑栖息地环境的改善问题，同时还要考虑淘刷、河岸稳定等水力学和泥沙问题。砾石群一般应用于较小的局部河道区域，比较适合于顺直、稳定、坡降介于0.5%～40%的河道，在河床材料为砾石的宽浅式河道中应用效果最佳。建议不要在细沙河床上应用这种措施，因为会在砾石附近产生河床淘刷现象，并可能导致砾石失稳后沉入冲坑。设计中可以参考类似河段的资料来确定砾石的直径、间距、砾石与河岸的距离、砾石密度、砾石排列模式和方向，以及预测可能产生的效果。

在平滩断面上，砾石所阻断的过流区域不应超过1/3或20%～30%。一个砾石群一般包括3～7块砾石，间距在15cm～1m之间，往往取决于河道规模。砾石群之间的间距一般介于 3～3.5m 之间。砾石要尽量靠近主河槽,如深泓线两侧各 1/4 的范围,以便加强枯水期栖息地功能,其方向的布置要有利于形成设计时所期望产生的冲坑。

3.2 树墩

树墩指由树根和部分树干组成的结构物,可用于控导水流,保护岸坡抵御水流冲刷,也可为鱼类和其他水生生物提供栖息地,为水生昆虫提供食物来源。

树墩根部的直径为 25～60cm,树干长度为 3～4m。树墩主要应用于受水流顶冲比较严重的弯道凹岸坡脚防护。一般要求树根盘的 1/3～1/2 埋入枯水位以下,如果冲坑较深,可在树墩首端垫一根枕木,如果河岸不高(平滩高度的 1～1.5 倍),需在树墩尾端用漂石压重。如果河岸较高,并且植被茂密、根系发育,也可不使用枕木和漂石压重。

树墩的施工方法有两种,一种是插入法,使用施工机械把树干端部削尖后插入坡脚土体,另一种方法是开挖法,岸坡开挖后,埋入树墩,树根底盘要正对上游,然后用纤维垫包土回填,并扦插活树枝。前者对原土体和植被的干扰小,费用较低。如果在树墩后部可能形成漩涡,还应在树墩下游抛石或移植其他树木。

如果无法采用插入法进行施工,则应使用开挖法,其施工步骤如图 8.2 所示。首先根据树墩尺寸和设计思路,对岸坡进行开挖,然后根据需要,进行枕木施工,枕木要与河岸平行放置,并埋入开挖沟内,沟底要位于河床之下。然后把树墩与枕木垂直安放,并用钢筋固定,要保证树根直径的 1/3 以上位于枯水位之下。树墩安装完成后,将开挖的岸坡回填至原地表高程。为保证回填土能够抵御水流侵蚀并尽快恢复植被,可应用土工布或植物纤维垫包裹土体,逐层进行施工,在相邻的包裹土层之间扦插活枝条。

3.3 堰坝

3.3.1 生态堰坝作用

堰坝是利用圆木或块石建造的跨越河道的横式建筑物,堰坝的功能是调节水流冲刷作用,阻拦砾石,在上游形成深水区,在堰坝下游形成深潭,塑造多样性的地貌与水域环境。其高度一般不超过 30cm,不影响鱼类洄游。

堰坝作为一类主要的栖息地加强结构,其作用主要表现在四个方面:

(1)上游的静水区和下游的深潭周边区域有利于有机质的沉淀,为无脊椎动物提供营养。

(2)因靠近河岸区域的水位有不同程度的提高,从而增加了河岸遮蔽;堰坝下游所形成的深潭或跌水潭有助于鱼类等生物的滞留,在洪水期和枯水期为其提供了避难所。

(3)因河道中心区强烈的下曳力和上涌力,可产生急流和缓流的过渡区,并有助于形成摄食通道。

(4)深潭平流层是适宜的产卵栖息地。

堰坝顶面使用较大尺寸块石,满足抗冲稳定性要求,下游面较大块石之间间距约 20cm,以便形成低流速的鱼道。堰坝上游面坡度 1∶4,下游面坡度 1∶10～1∶20,以保证鱼类能够顺利通过。堰坝的最低部分应位于河槽的中心。块石要延伸到河槽顶部,以保护岸坡。

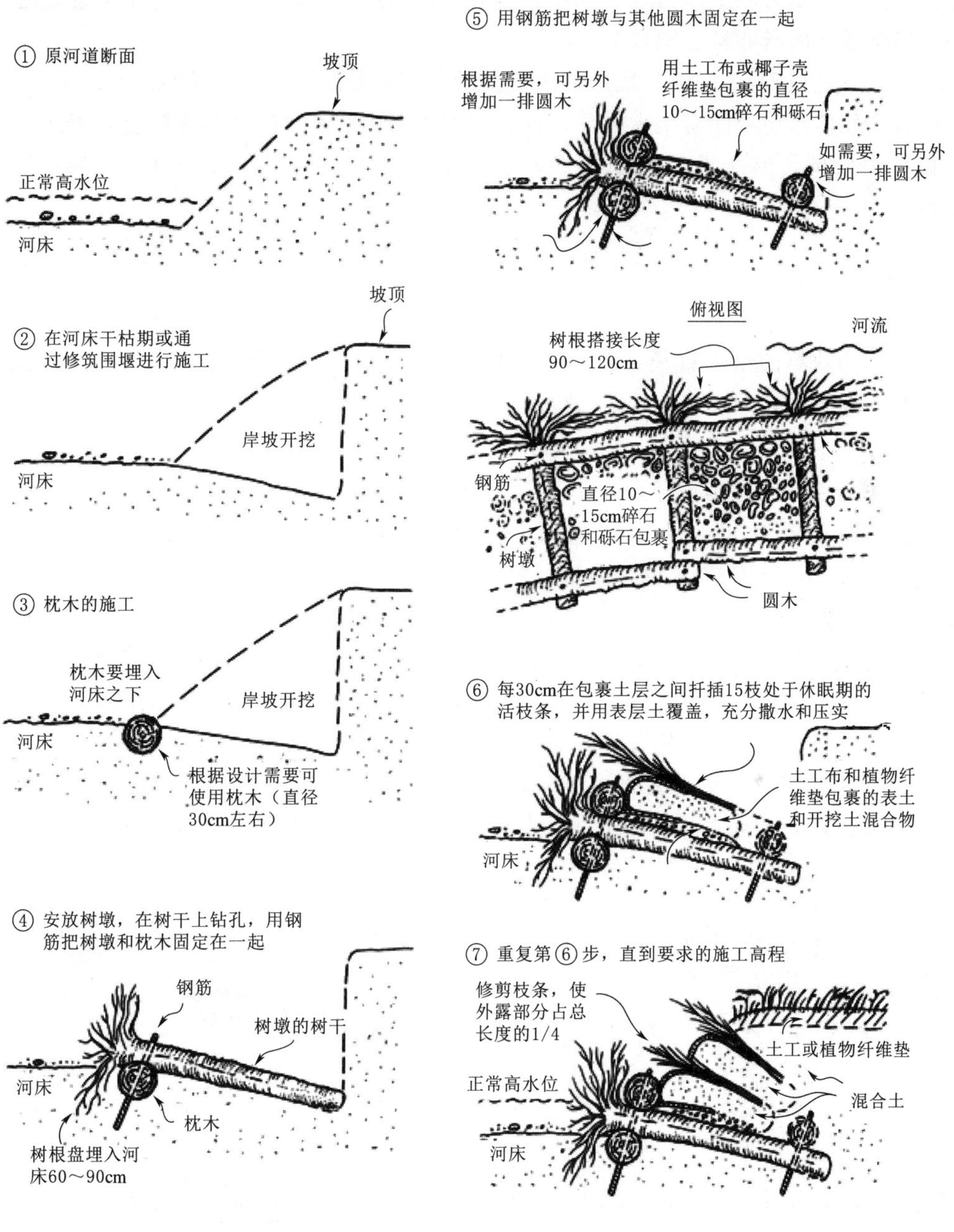

图 8.2 利用开挖法进行树墩施工的程序

3.3.2 交叉堰

交叉堰结构是一种坡度控制结构，具有减小近岸剪应力、流速和能量的作用，但同时也增加了河道中心区域的能量。交叉堰有助于坡度控制，减小河岸侵蚀，形成稳定的宽深比，维持河道过流能力和泥沙输移能力。此外，交叉堰还是一种栖息地加强结构，主要表现在三个方面：因靠近河岸区域的水位产生不同程度的提高，从而增加了河岸遮蔽，交叉堰所形成的深槽有助于鱼类等生物的滞留，在洪水期和枯水期为其提供了避难所；因河道中心区强烈的下曳力和上涌力，可产生急流和缓流的过渡区，并有助于形成摄食通道；深槽平流层是适宜的产卵栖息地。

筑堰块石直径 $D_{50堰}$ 应满足抗冲要求，其设计可参考常规抛石直径的计算方法。但是，堰与抛石堆积体结构之间有很大差异，前者基本不考虑块石之间的相互咬合，因此其抗冲能力相对比较弱。鉴于此，建议按照启动条件计算块石直径（Isbash，1936；Costa，1983）。

$$D_{min} = \frac{V^2}{1.479g\dfrac{\rho_s - \rho_w}{\rho_w}} \tag{8.1}$$

式中：D_{min} 为块石的最小直径，m；V 为平均流速，m/s；ρ_s 为块石比重；ρ_w 为水的比重；g 为重力加速度，m/s^2。

$$D_{min} = 3.4V^{2.05} \tag{8.2}$$

式中：D_{min} 为块石的最小直径，cm；V 为断面平均流速，m/s。

上述两公式中的 D_{min} 为给定流速下的最小抗冲直径，在工程应用中，建议按照 $D_{50} = 2D_{min}$ 和 $D_{100} = 1.5D_{50}$ 筛选筑堰材料。

3.3.3 W形堰

W形堰的结构如图8.3所示，从下游看呈W形，主要用于河道比较宽的河流。与交叉堰类似，也是在平滩高程位置以与岸坡夹角在20°~30°之间的方向从河岸向上游主槽延伸，但在1/4河道平滩宽度位置处开始向下游延伸，并逐渐抬高，形成两个深泓。

W形堰主要用于大型河道的坡降控制，可加强鱼类等生物的栖息地，并可保护河道岸坡，同时有利于从河道引水，还可以为水上娱乐创造良好的水流条件。这类结构也有利

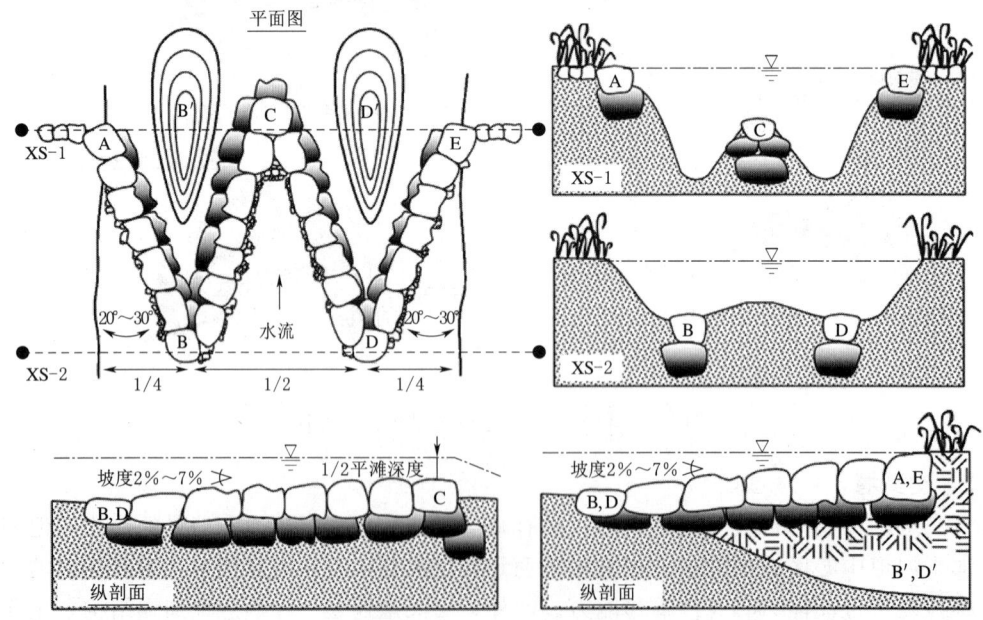

图8.3 W形堰结构设计示意图

于保护桥墩，避免淘刷。W形堰的设计如图8.3所示，其中一些细部结构的设计与交叉堰基本类似。

3.3.4 J形堰

J形堰也是由天然材料组成，在平滩高程位置从河岸向上游主槽延伸的一种结构，在平面上呈J形，结构如图8.4所示。除可单独应用块石材料之外，J形堰也可同时应用块石、圆木和树墩等材料，组合形成堰体。这种堰体主要建于河道弯曲段的外侧岸坡区域，通过降低近岸河道坡降、流速、水流能量和剪应力来控制河岸侵蚀。

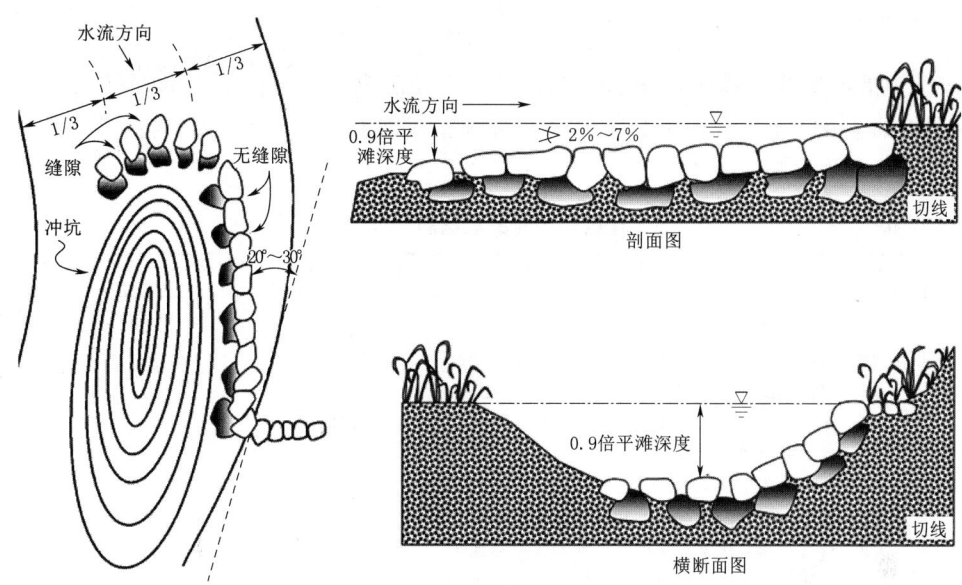

图8.4 J形堰结构设计示意图

J形堰有助于降低近岸区域的流速、水流能量和剪应力，但在河道中心区，则会使这些参数增加。河道输沙能力会因河道中心区1/3河道平滩宽度范围内剪应力和水流能量的增加而得以保持。在凹岸处会形成回水区，当堰与河岸的夹角较小时，有助于改变流速矢量的方向，从而控制由此导致的河岸侵蚀。河道中心区1/3范围内的冲坑可有效消能，为鱼类等生物提供避难所。不同水流条件之间的过渡区具有鲑鱼等生物的栖息地特征。宽度为1/4～1/3块石直径的缝隙有助于形成漩涡，增加河道中心区的剪应力。

3.4 深潭-浅滩序列

深潭-浅滩序列是中等坡度混合砂砾石河床的典型自然地貌特征。表8.1列举了深潭-浅滩序列作为河流栖息地单元的一些主要特征，也说明了深潭-浅滩在河道泥沙输移方面的重要性，深潭内流速较低，为泥沙沉积区。但在洪水期，经由交替的浅滩，泥沙被输移到下游深潭。泥沙在凸岸逐渐淤积，形成边滩，进而影响河道断面水流模式，导致凹岸淘刷，使河道蜿蜒性增加。

在河流整治工程中，深槽-浅滩序列的设计有可能导致河道岸坡侵蚀，使河流向自然弯曲的形态发展。在这种情况下，应在尽可能把河道设计成自然弯曲形态的同时，采取适当的岸坡加固措施。

Keller 和 Melhorn（1978）的研究成果说明，适宜的深槽-浅滩间距在 3~10 倍河道宽度之间。Ray 和 Abrahams（1980）、Higginson 和 Johnston（1989）的研究成果进一步说明，对于一个具体的河段，深槽和浅滩的间距变化很大，对此，Higginson 和 Johnston（1989）根据爱尔兰的 70 个冲积型河流给出了下面的回归公式，可供初步规划设计时参考：

$$L_r = \frac{13.601 w^{0.2894} d_{r50}^{0.29}}{S^{0.2053} d_{p50}^{0.1367}} \tag{8.3}$$

式中：L_r 为沿河道两个浅滩之间的距离，m，一般情况下，近似为弯曲河段的弧长；d 为河床材料颗粒的直径，mm，下标 r 和 p 分别指浅滩和深槽材料；w 为河道平均宽度，m；S 为河段平均坡降。

表 8.1　　　　　　　　　　　深槽和浅滩的功能和设计

项目	功 能 和 设 计
深槽	（1）占到河流栖息地的 50%以上。 （2）断面流速不对称，即使在顺直河段也是如此。 （3）河床底质为松散混合砂砾石。 （4）在水深大于 0.3m 的所有流量条件下，比相关联的浅滩断面窄 25%。 （5）位于弯曲段的顶点。 （6）在枯水流量条件下，与出露的砂砾石沙洲/边滩相关联。 （7）对于水域内的大型植物和鱼类具有重要生态功能。 （8）具有重要的休闲娱乐价值，如垂钓、划船等。 （9）可能有周期性的泥沙淤积，特别是在上游有大量泥沙供给的情况下（如河岸侵蚀崩塌）。洪水过后和深槽调整以后，泥沙可能会被冲走
浅滩	（1）占到河流栖息地的 30%~40%。 （2）局部较陡，河流纵剖面较浅，一般情况下，横断面基本对称。 （3）在枯水流量条件下，水流湍急。 （4）在各种流量条件下，比相关联的深槽断面宽 25%。 （5）位于两个弯曲段之间的过渡段，间距为 3~10 倍的河宽（河床越陡，间距越短）。 （6）混合砂砾底质，具有一个密实的砾石面层。应在浅滩表面放置一些大块石，以打破低流速模式，形成湍流，营造多样性的栖息地环境。 （7）洪水过后，可能会出现泥沙淤积问题，上游深槽会产生淘刷。过度淤积的泥沙将在后期的枯水流量条件下被冲刷至下游深槽。 （8）与深槽相一致，一般位于河流的蜿蜒段。在顺直河段，可能会出现交替的浅滩。 （9）浅滩高出河床的高度不应大于 0.3~0.5m，顶高程的连线坡度应与河道坡降一致。 （10）为鲑鱼和多种无脊椎动物群落提供产卵栖息地。 （11）通过过滤、曝气和生物膜作用，对水质具有净化作用

浅滩底质应尽量包括不同的粒径组成，以避免砂砾石粒径的均一化。有棱角的砂砾石要占到一定的比例，以保证砂砾石颗粒的相互咬合，增加稳定性。这一点在上游砂砾来量比较少，或者希望浅滩在河道纵剖面上始终保持一个相对较高位置的情况下更为重要。另一方面，由漂石或卵石组成的河床底质粒径也不宜太大，以避免在高速水流作用下发生失

稳，并且粒径太大的底质材料也不利于形成适于鲑鱼等鱼类产卵的栖息地。

在浅滩的施工过程中，为防止砂砾石下部河床材料产生淘刷，可设置一层土工布反滤层，并兼有垫层作用，土工布应往下游适当延伸。需要选择级配良好、有棱角的砂砾料，以保证浅滩的稳定性，并应进行严格的监测以保证工程质量。在工程完工后，因沉降变形和洪水冲刷等问题，一些石块可能会发生移动。如出现这种情况，应及时进行维护，浅滩施工及有关注意事项如图8.5所示。

在沙质河床的河流中，不适宜使用砂砾石材料，可以应用大型圆木作为浅滩材料。圆木浅滩的高度以不超过0.3m为宜，以便于鱼类的通过。可以应用木桩或钢桩等材料来固定圆木，并用大块石压重，桩埋入沙层的深度最好大于1.5m。如果应用圆木浅滩控制河床侵蚀，应在圆木的上游面安装土工织物作为反滤材料，以控制水流侵蚀和圆木底部的河床淘刷，土工织物在河床材料中的埋设深度应不小于1m。

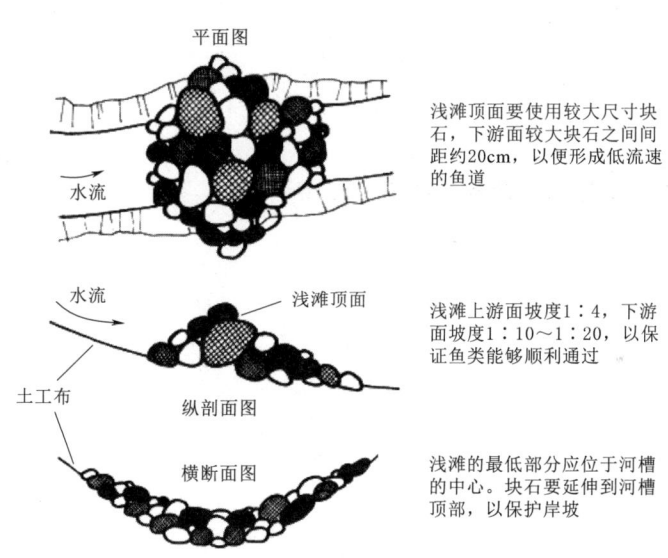

图8.5 浅滩施工及有关注意事项

4 引导问题

（1）各类栖息地加强结构的适用条件是什么？

项目 8　水生态系统栖息地加强结构设计

（2）如何结合清水河特性科学选择适宜的栖息地加强结构？

5　工作任务

（1）开展不同河段河道内栖息地加强结构选择。

（2）对河道内栖息地加强结构开展初步设计。

6　过程实施

（1）对不同河段的水文特性和地貌特性分析。

（2）通过不同栖息地加强结构适用条件布置确定各河段结构类型。

(3) 对相应栖息地加强结构进行设计。

7　评价反思

(1) 通过文献查阅还有哪些新型栖息地加强结构。

(2) 学习心得体会总结。

(3) 教师点评。

项目9 洄游鱼类保护

1 学习目标

(1) 掌握溯河洄游鱼类保护相关工程措施的规划和设计思路。
(2) 认识降河洄游鱼类的相关保护措施。

2 重要概念

(1) 洄游：鱼类为了产卵、觅食、生长或避难而在不同栖息地之间大规模迁徙的自然现象。
(2) 洄游鱼类：鱼类可分为河川洄游类和海河洄游类。
(3) 洄游模式：包括横向洄游即从河流到河漫滩以及纵向洄游即从河口到河源。海河洄游鱼类在其生命周期内洄游于咸水和淡水栖息地，分为溯河洄游鱼类、降河洄游鱼类和双向洄游鱼类。

3 相关知识

3.1 溯河洄游鱼类保护

3.1.1 过鱼设施设计的基本步骤

(1) 设计条件与方案选择。通过调查基本环境条件，包括相关法律法规、水文和水力学条件、地质与地貌条件、河流断面特征、底质；目标鱼种、过鱼季节等要素，选择鱼道结构形式。

(2) 过鱼设施设计。过鱼设施设计的初始步骤是在多种技术方法中，根据具体条件进行选择，然后依据技术规范或手册进行设计。对于溯河洄游鱼类可能的选择是：①拆除已经失去功能的闸坝等水利设施；②仿自然通道；③鱼道、升鱼机和鱼闸；④改善闸坝调度方式为鱼类提供洄游条件。各类型过鱼设施特性及适用条件见表9.1。

(3) 设计评价与管理。溯河洄游鱼类设施设计的评价内容包括：是否在洄游主要时期有足够的流量吸引鱼类；鱼道入口是否靠近坝址；鱼道出口是否远离堰、坝；每种目标鱼类物种是否都能通过鱼道；鱼道尺寸是否能够满足洄游高峰期鱼类通过的需要；鱼道的紊流是否在可接受的范围内；鱼道是否便于清理和维护，是否有过鱼设施的维护和清障技术规则；是否以合同形式明确业主的管理责任。

表 9.1 过鱼设施分类

过鱼设施	定义	优点	缺点	适用条件
鱼道	供鱼类洄游的人工水道	可连续过鱼，过鱼能力强，运行保证率高	一次性投资较高	中低水头
仿自然通道	通过模拟自然河流而建立联系障碍物上下游的旁通水道	接近自然状态，过鱼种类多、效果好，维护成本低	占地面积大，通道距离长，对上游水位波动敏感	低水头，大空间河段，适合多种鱼类双向通过
鱼闸	利用上下闸门的启闭向通道注水来形成引流，将下游鱼类吸引并输送到上游的结构	占地面积少，一次性投资	操作复杂，过鱼量小，运行管理费用高	中、高水头且空间狭小河道，游泳能力差的鱼类
升鱼机	将鱼吸引到位于障碍物下游的集鱼室内，然后将其提升到闸坝上游的设备	灵活性较好	集鱼困难，提运时间长，不利于大批鱼类过坝，运行管理费用高	高水头河流，适用于游泳能力差或体型较大鱼类
集运鱼船	在下游捕获上溯的洄游鱼类并通过渔船或陆运方式转运到闸坝上游	移动方便，捕获灵活性好，重建洄游鱼类种群效果显著	捕捉和转运实施困难、费用昂贵，对鱼类损伤较大	高水头或鱼道设置存在困难地区，或在闸坝拦截河段缺少繁殖生境河段

3.1.2 设计水位与设计流速

(1) 设计水位。过鱼设施上下游的运行水位，直接影响到过鱼设施在过鱼季节中是否有适宜的过鱼条件，过鱼设施上下游的水位变幅也会影响到过鱼设施出口和进口的水面衔接和池室水流条件。合理的运行水位，可使下游进口附近的鱼能够进入过鱼设施，也可使出口处的鱼顺利进入上游河道。一般情况下，设计水位需要满足过鱼季节中可能出现的最低及最高水位要求，使过鱼设施在过鱼季节中均有适合的水流条件。

(2) 设计流速。过鱼设施内部的设计流速通常是由目标鱼类的克流能力决定，同时参考天然河流的流速设定。鱼类的克流能力一般用鱼在一定时段内可以克服某种水流的流速大小表示，可分为感应速度（feeling speed）、巡游速度（cruising speed）和突进速度（bust speed）。流速的设计原则是：过鱼设施内缓流区流速小于鱼类的巡游速度，这样鱼类可以保持在过鱼设施中前进；过鱼设施断面流速小于鱼类的突进速度，这样鱼类才能够通过过鱼设施中的孔或缝。国内已知的部分鱼类物种的流速值见表 9.2。

表 9.2 鱼类克服流速能力试验成果表

鱼的种类	体长/cm	感应速度/(m/s)	巡游速度/(m/s)	突进速度/(m/s)
梭鱼	14～17	0.2	0.4～0.6	0.8
鲫	10～15	0.2	0.3～0.6	0.7
鲫	15～20	0.2	0.3～0.6	0.8
鲤	6～9	0.2	0.3～0.5	0.7
鲤	20～25	0.2	0.3～0.8	1.0
鲤	25～35	0.2	0.3～0.8	1.1

续表

鱼的种类	体长/cm	感应速度/(m/s)	巡游速度/(m/s)	突进速度/(m/s)
鲢	10~15	0.2	0.3~0.5	0.7
	23~25	0.2	0.3~0.6	0.9
鲂	10~17	0.2	0.3~0.5	0.6
草鱼	15~18	0.2	0.3~0.5	0.7
	18~20	0.2	0.3~0.6	0.8
鲌	20~25	0.2	0.3~0.7	0.9
乌鳢	30~60	0.3	0.4~0.6	1.0
鲇	30~60	0.3	0.4~0.8	1.1
鳗鲡	5~10		0.18~0.25	0.5
刀鲚	10~25		0.2~0.3	0.5
	25~33		0.3~0.5	0.7
蟹	体宽1~3		0.18~0.23	0.5

3.1.3 鱼道类型

(1) 鱼道结构类型。

鱼道按其结构形式可分为以下几类：

1) 槽式鱼道。槽式鱼道又可分简单槽式鱼道和丹尼尔式鱼道。简单槽式鱼道为一条连接上下游的水槽，其中不设任何消能设施，仅靠延长水流途径和槽周糙率来消能。此种类型的鱼道坡度很缓，只能用于水头小且通过的鱼类逆水游动能力强的情况。丹尼尔式鱼道为比利时工程师丹尼尔（Denil）首创，为一条加糙的水槽，在槽壁和槽底设有间距很密的阻板和砥坎，水流通过时，形成反向水柱冲击主流，消减能量，降低流速，如图9.1所示。这种鱼道的优点是坡度陡（国外的鱼道陡坡达1/4~1/6）、长度短，从而可以节省造价。缺点是水流掺气，紊动剧烈，对鱼类通行不利，受上游水头变动的影响较大，上游水头的变动不宜超过20cm（FAO & DVWK，2002）。丹尼尔式鱼道20世纪70—90年代

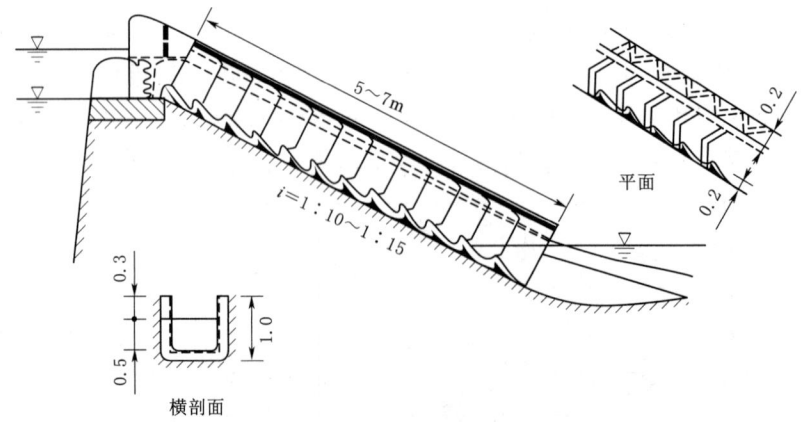

图9.1 丹尼尔式鱼道

在欧洲盛行，进入 21 世纪盛行 Larinier 式鱼道，这是一种交叉缝式挡板鱼道，结构尺寸较大。前者宽度不足 1m，后者宽度可达 5m。

2）池式鱼道。池式鱼道由一连串连接上下游的水池组成，水池之间用坡度较陡的短通道连接，一般都是绕岸开挖而成。这种鱼道较接近天然河道，鱼类在池中的休息条件良好，适用于水头较低的工程。缺点是平面占地大，需要有适宜的地形和地质条件。

3）梯级鱼道。梯级鱼道又称作横隔板式鱼道（图 9.2），这种类型的鱼道是利用横隔板将鱼道上下游的总水位差分成许多梯级，并利用水垫、沿程阻力、水流对冲与扩散消能达到改善流态、降低过鱼孔流速的要求。这种鱼道水流条件较好，适应水头较大，结构简单，施工方便，故应用较广泛。按照过鱼孔的形状及在隔板上的位置，梯级鱼道可以分为溢流堰式、淹没孔口式、竖缝式及组合式四种。

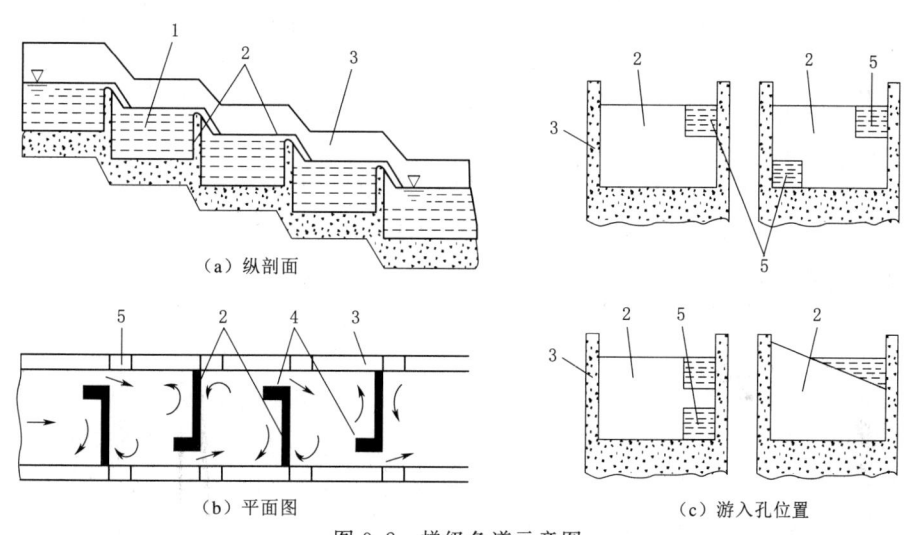

图 9.2 梯级鱼道示意图
1—水池；2—横隔板；3—纵向墙；4—防护门；5—游入孔

溢流堰式的过鱼孔设在隔板的顶部，水流呈堰流状态，堰顶可以是圆的、斜的，也可以是平顶的或曲面的。下泄水流主要靠各级水垫来消能，适于喜欢在表层洄游和有跳跃习性的鱼类，但这种鱼道的消能不够充分，适应上下游水位变动的能力较差。淹没孔口式的过鱼孔是淹没在水下的孔洞，孔口流态是淹没孔流，主要靠孔后水流扩散来消能，鱼道全部或绝大部分水量在孔中通过。孔口形状也可各式各样（如矩形、圆形、栅笼形、管嘴等），在平面上交错布置，以获得较好的水流条件，特别适用于具有在底层洄游习性的鱼类。竖缝式的过鱼孔是从上到下的一条竖缝，水流通过竖缝下泄。该型隔板又可分为不带导板的一般竖缝式及带导板的竖缝式（简称导竖式）。导竖式又可分为双侧导竖式及单侧导竖式。这种鱼道能适应水位变化，消能充分，并能适应各种不同习性鱼类的洄游要求，结构简单，维修方便。

组合式隔板有堰与孔、竖缝与孔或竖缝与堰相互组合等形式。此型隔板能较好地发挥各种形式孔口的水力特性，也能灵活地控制所需要的池室流态和流速分布。国外常用的组合方式是潜孔和堰的组合，如美国著名的邦维尔、麦克纳里、冰港等坝的鱼道。

（2）池室设计。池室宽度应根据过鱼对象的体长和设计过鱼规模综合分析后确定，一般取 2～5m。池室长度应按池室消能效果、鱼类的大小、习性和休息条件而定，约为鱼道宽度的 1.2～1.5 倍。池室水深应视鱼类习性而定，一般取 1.0～3.0m，对于表层型鱼类取小值，底层型鱼类取大值。鱼道的池间落差应按主要过鱼对象的种类及游泳能力确定，一般取 0.05～0.3m。鱼道底坡宜取统一的固定底坡。如因布置条件所限需变坡时，必须保持底坡的连续和缓变。当鱼道总落差较大、长度较长时，应间隔一定距离布置休息池，一般每隔 5～10 个标准水池设一个休息池。休息池长宜取池室长度的 1.7～2.0 倍。鱼道方向改变处应设置休息池，池内水流不可直接冲击池壁，避免形成螺旋流。

（3）进口设计。鱼道进口应设在经常有水流下泄、鱼类洄游路线及经常集群的地方，并尽可能靠近鱼类能上溯到达的最前沿。鱼道进口前水流不应有漩涡、水跃和大环流。进口下泄水流应使鱼类易于分辨和发现，有利于鱼类集结。如进口布置在电站尾水口上方，利用电站泄水诱鱼，或者布置在溢洪道侧旁，以及闸坝下游两侧岸坡处。鱼道进口位置应避开泥沙易淤积处，选择水质新鲜、肥沃的水域，避开有油污、化学性污染和漂浮物的水域。鱼道进口应能适应目标洄游鱼类对水流的要求及运行水位变化范围；为适应下游水位变化和不同过鱼对象的要求，可设置多个不同高程的进口。鱼道进口前宜设计成一个平面上呈"八"字张开的喇叭形水域，以帮助鱼群发现进口。在此水域中，应有明显的从进口流出的水流，且该水流占总水流的比例通常不应小于 1%～1.5%，枯水期应占到总水流的 10%左右。进口底板高程应低于下游最低设计进鱼水位 1.0～1.5m。一般进口设计成宽高比 0.6～1.25 的方形入口。进口宜根据鱼类对光色、声音的反应设置照明、洒水管等诱鱼设施。

（4）出口设计。鱼道出口的平面位置应靠岸并远离泄水流道、发电厂房和取水泵房的进水口，以免过坝亲鱼被泄水或进水口前的水流，重新卷入下游。一般要求鱼道出口与取水、泄水建筑物进水口的距离不小于 100m。鱼道出口一定范围内不应有妨碍鱼类继续上溯的不利环境，如水质严重污染区、码头和船闸上游引航道出口等，要求水质清洁、无污染。鱼道出口要求布置在水深较大和流速较小的地点，位置设在最低水位线下，便于鱼类继续上溯。鱼道出口高程应能适应水库水位涨落的变化，确保出口处有一定的水深，一般应低于过鱼季节水库最低运行水位以下 1～2m。出口高程还需适应过鱼对象的习性，对于底层鱼应设置深潜的出口，幼鱼、中上层鱼的出口，可在水面以下 1～2m 处。如水库水位变幅较大，鱼道应设置若干个不同高程的出口，或采取其他结构、机械调节措施，以适应上游水位变幅，保持鱼道水池的水位、流量、流态条件的稳定。出口结构一般为开敞式，为控制鱼道进水量和鱼道检修，需设置闸门。出口视情况设置拦污和清污、冲污设施。

3.1.4 仿自然通道

仿自然通道是绕过河流障碍物并模仿自然河流形态而建立联系障碍物上下游的旁通水道，适用于已建闸坝建筑物但需改造的工程。仿自然通道不仅为鱼类提供洄游通道，也可以为鱼类及其他喜流物种提供适宜栖息地。仿自然通道的建设以坡度变化丰富，河流地貌形态多样的自然河流为设计模型，满足洄游鱼类的需求。

仿自然旁通道一般分为进口、通道和出口三部分，可单独使用，也可与其他过鱼构筑物相结合，形式和形状可多样化（图 9.3）。

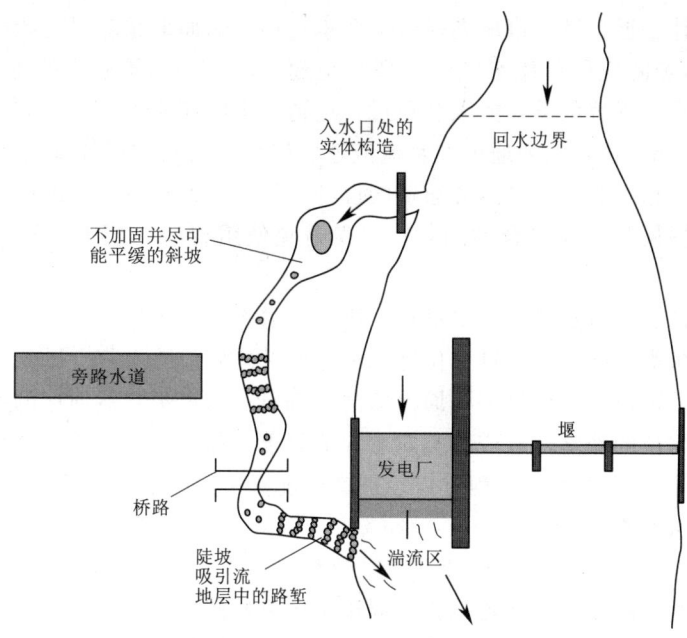

图 9.3 仿自然通道平面布置图

仿自然旁道系统要求有足够的空间，一般不适宜水头过高的大坝，也不适宜高山峡谷地区，并避开人口密集区域。仿自然旁通道应尽量利用或改造工程区内现有溪流、沟渠和废弃河道，增加鱼类栖息地面积，减少占地和工程成本。

(1) 结构类型选择。仿自然通道也有 3 种常使用的结构形式：

1) 平铺石块式。仿自然通道底部平铺不同大小的石块，以底部沿程摩阻起到消能减低流速的目的。

2) 交错石块式。在仿自然通道底部铺设碎石块，沿程在不同位置设置大石块，束窄过水断面，产生局部跌水和水流对冲以消能和减缓流速。

3) 池堰式。在仿自然通道中使用石块将通道分隔成一个个小的水池，通过局部跌水消能并降低流速。

三种仿自然通道形式各有特点，适用在不同条件下，见表 9.3。

表 9.3　　　　　　　　　三种仿自然通道形式优缺点

通道形式	优 点	缺 点	适用范围
平铺碎石	结构简单水流方向较明确	消能效果较弱，水位变动适应能力弱，水深较浅	水头差小、水位变动不大的工程（如溢流堰等）
交错石块	过水断面深度较深，能适应相对较大的水位变动	结构不够稳定	适应水位变化范围相对较大，应用范围较广
水池式	消能效果较好	水位变动适应能力弱	上下游水位较稳定，过鱼对象为跳跃能力较强的鱼类

(2) 通道设计。近自然通道应满足以下要求：通道断面形状应尽可能多样，底部宽度应不小于 0.8m；坡降应尽可能平缓，一般不应超过 1：20；通道应设置流量调节设施，确保丰、枯不同季节洄游鱼类均能顺利通过；通道内水深应能满足鱼类洄游的需要，平均水深一般大于 0.5m；仿自然旁通道的水流流速、流量、落差和湍流应与河流中洄游鱼类的游泳能力和行为相适应。仿自然旁通道的设计应体现"亲近自然"的原则，通道底坡和边坡采用植物或捆枝与石块混合的结构；尽量避免使用钢筋混凝土、浆砌砖石等不透水结构。

(3) 进口设计。近自然通道进口设计原则与鱼道类似。进口底部必须与河床和河岸基质相连，使底层鱼类能够进入。进口位置和河床底部之间应除去直立跌坎，若其间有高差应以斜坡相衔接。进口处可铺设一些原河床的卵砾石，以模拟自然河床的底质和色泽。进口应能适应下游水位的涨落，适应鱼类对水深的要求，保证在过鱼季节进鱼口水深不小于 1.0m，必要时可设计多个不同高程进口。进口应确保在任何情况下都有足够的吸引水流，必要时可设置补水设施。

(4) 出口设计。近自然通道出口设计原则与鱼道类似。出口位置选择应满足以下要求：应远离泄水闸、船闸及取水建筑物，周边不应有妨碍鱼类继续上溯的不利环境。出口外水流平顺，没有漩涡，鱼类能够沿着水流和岸边线顺利上溯。出口应能适应上游水位的变动，保证有足够的水深，与上游水面衔接良好。应设置水流控制闸门，调节进入旁通道的流量。

3.1.5 鱼闸

鱼闸结构与船闸类似，由闸室及具有闭合装置的下闸门和上闸门组成。

(1) 工作原理。鱼闸运行可分为 4 个工作阶段（图 9.4）。

1) 诱鱼阶段。下闸门开启，使闸室中的水位与下游水位同高，并通过上闸门局部开启或通过闸室入口处连接的旁路送水产生吸引流，鱼类由吸引流引导从下游水进入闸室，促使鱼类在闸室中聚集。

2) 充水阶段。关闭下闸门，缓缓开启上闸门至全开。上游水流将闸室中的鱼吸引至上闸出口。

3) 驱鱼阶段。闸室水位与上游水位等高，通过下闸门的狭槽或其他管线将闸室中水引入下游水，从而在上闸门出口处产生吸引流，引导鱼类游出闸室。

4) 过渡阶段。关闭上闸门并开启下闸门，排空闸室，使闸处于诱鱼状态。

各运行期的操作时间为自动控制，通常运行间隔为半小时至一小时。但最有效的周期性变动和季节性调节，通过监测控制确定。

(2) 结构。闸室和闭合装置的结构设计取决于工程具体条件。闸室设计时，为防止鱼类滞留在因水量下泄变干涸的部位，闸室底部可采用阶梯式或者倾斜式。为满足大量鱼类在闸室内长时间停留的需要，闸室的尺寸应大于普通鱼道池室尺寸。

通过旁路送水可产生或加强吸引流，闸室出水口的横断面尺寸应确保吸引流流速范围在 0.9~2.0m/s 之间。在设计闸室充水阶段和过渡阶段的流入量和排出量时，需使闸室内的流速低于 1.5m/s，闸室内的水位涨落幅度应低于 2.5m/min。鱼闸位置和进出口布置可采用与鱼道相同的标准，由于其结构轻便，鱼闸可安放在隔墩之间。

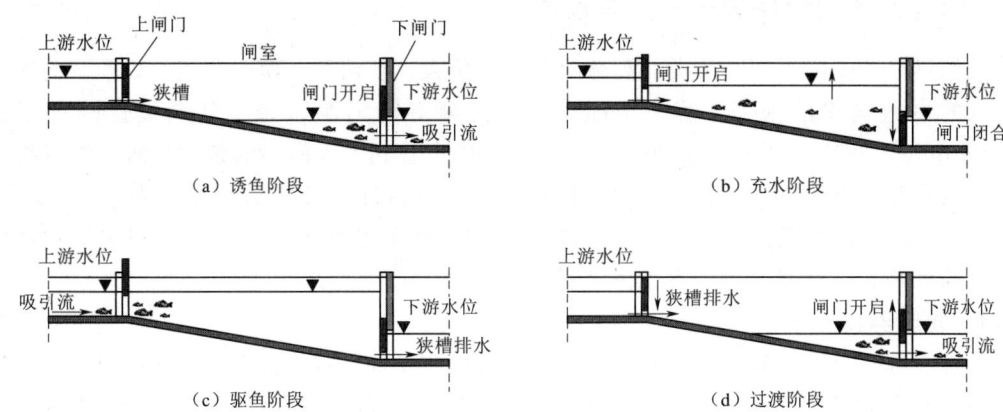

图 9.4 鱼闸运行原理（纵截面示意图）

3.1.6 升鱼机

升鱼机一般用于水位变幅较大（一般大于 6～10m），由于空间布置、流量、鱼类行为习性等限制不能采用传统鱼道的工程。

升鱼机用水槽作为输送装置，水槽安装有可关闭或翻转的门（图 9.5）。在坝下游侧水槽沉入水底，采用吸引流将鱼引至升鱼机。升降机的下门定时关闭，聚集在水槽内的鱼被运送至坝顶部。出口处可与上游水体做不漏水连接，也可让水槽在高于上游水位处倾入渠道，鱼类通过对上游吸引流的察觉到达上游水体。升鱼机的循环操作周期可根据鱼类实际洄游活动确定。

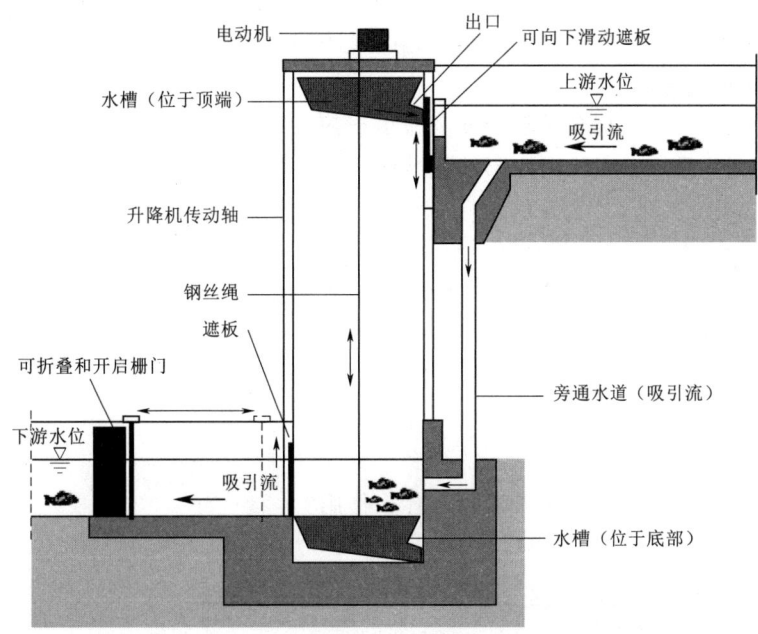

图 9.5 升鱼机结构和功能原理示意图

3.2 降河洄游鱼类保护——拦鱼设施

人们早已关注降河洄游鱼类的洄游问题，加拿大、新西兰、澳大利亚、日本、美国以及欧洲的一些国家的闸坝工程上，都有专为鳗鲡等降河洄游鱼类幼鱼设计的过坝通道（Larinier，2003），但是迄今为止还没有一个国家找到令人满意的鱼类降河洄游解决方案，尤其是鱼类出现频率较高的大型水电站，还面临许多技术方面的挑战（Larinier，2000）。目前，降河洄游保护措施主要是防止水电站水轮机引起的损害，一般包括物理屏蔽、行为屏蔽、旁路通道和调整或替代管理方法。

3.2.1 物理屏蔽

物理屏蔽是目前最有效的技术，通过在水轮机前设置一定网目大小的筛网阻止鱼类进入，在筛网侧面或下面设置下行辅助通道引导鱼类进入下游。筛网必须要有足够大的面积以降低水流速度，筛网材料可用打孔的金属板、金属棒、楔子、塑料或金属网。筛网上方的水流要求流速均匀和没有漩涡，以有效地引导鱼类进入辅助通道。

3.2.2 行为屏蔽

行为屏蔽是采用气泡幕、声屏、吸引或排斥光屏、水下灯、电栅栏及水力栅栏等引导鱼类活动，控制鱼群的分布，防止鱼类误入水轮机室。行为屏蔽一般同时具有屏蔽和吸引的作用，一方面阻挡鱼类进入水轮机，另一方面吸引鱼类进入辅助通道（常剑波等，2008）。行为屏蔽受设施位置和运行控制影响较大，导致其可靠性不高，目前尚处于试验阶段。

3.2.3 旁路通道

旁路通道利用洄游鱼群喜好在表面水层活动的特点，通过设置辅助通道，利用加速的水流，把鱼引入辅助通道，保护亲鱼和幼鱼安全过坝。旁路通道也存在一些缺点。一方面，它可能导致鱼类通过时间延迟（Beeman et al.，2001）；另一方面，旁侧通道的障碍物及其他结构容易导致鱼鳞脱落或造成其他伤害，而且容易因迷失方向或其他因素影响而被捕食。

3.2.4 调整或替代方法

在某些情况下，在目标鱼种洄游期间减少或停止引水可能比安装栅栏更加经济有效，所以可以通过调整季或日引水量来预防或减轻对鱼类的损害。同时，通过改进水轮机流道尺寸、水轮机部件的形状及水轮机运行参数，开发鱼类友好型水轮机也可以有效降低鱼类的死亡率。美国尚在设计推广阶段的 Alden/Concepts NREC 水轮机是最具代表性的新型环保型水轮机，基于中试试验结果，这种新型水轮机在投入使用后，预计能保证鱼类过水轮机后的存活率高于96%。

4 引导问题

（1）洄游活动在鱼类生活史阶段具有什么作用？

（2）鱼类洄游会受到哪些生态胁迫作用？

5　工作任务

结合清水河现有堰坝，开展溯河洄游鱼类鱼道工程设计。

6　过程实施

（1）结合调查辨识清水河目标洄游鱼种。

（2）根据文献查阅率定鱼类的适宜流速。

（3）选择适宜的鱼道形式。

项目9　洄游鱼类保护

（4）确定鱼道平面布局和进出口条件。

（5）开展鱼道设计。

项目10 河湖水系连通

1 学习目标

掌握河湖连通性调查和分析方法；学习河湖连通性规划准备和措施；了解恢复连通性工程效果评估方法。

2 重要概念

水系连通：以江河、湖泊、水库等为基础，采取合理的疏导、沟通、引排、调度等工程和非工程措施，建立或改善江河湖库水体之间的水力联系。

3 相关知识

3.1 水系连通胁迫

河湖水系是水资源的载体，是生态环境的重要组成部分，也是经济社会发展的基础。江河湖库水系连通（以下简称河湖水系连通）是优化水资源配置战略格局、提高水利保障能力、促进水生态文明建设的有效举措。但是，众多河湖水系目前存在"连而不通、通而不稳、稳而不美、美而不久"的共性问题。本节在流域和河流廊道两个尺度上讨论恢复河湖连通性问题。在流域尺度上，良好的河湖连通性，保障了物质流、信息流和物种流的畅通。由于自然力和人类活动双重作用，不少湖泊失去了与河流的水力联系，变成孤立的湖泊，出现河湖阻隔现象。就自然力而言，湖泊因地质构造运动和长期淤积致使湖水变浅，加之湖泊中矿物营养过剩，使水生生物生长茂盛，逐步形成沼泽化。另外，河势摆动形成洲滩湿地；自然裁弯取直，形成牛轭湖（或称故道）与干流河道脱离。人类活动方面，为了围湖造田、防洪、养殖等目的，通过建闸和筑堤等工程措施，将湖泊与河流的水力联系控制或切断。另外，在入湖尾闾河道因人为原因淤积或下切，都会打破河湖连通的注水-泄水格局。河湖阻隔后，物质流、信息流中断，江湖型洄游鱼类和其他水生动物迁徙受阻，鱼类产卵场、育肥场和索饵场减少。河湖阻隔使湖泊成为封闭水体，水体置换缓慢，使多种湿地萎缩。加之上游污水排放和湖区大规模围网养殖污染，湖泊水质恶化，呈现富营养化趋势，导致河湖生态系统退化，生态服务功能下降。

在河流廊道尺度上，河流各种生态过程，包括物质的迁移和处理，地表水和地下水交换、河网内以及河流和岸边带与高地之间营养物质输移，都依赖于河流地貌的纵向连续性、横向连通性和竖向渗透性。特别是河流的侧向连通性，即汛期洪水向滩区漫溢，为滩地输送营养物质，促进滩地植被生长和种子传播。同时，鱼类游到滩地产卵或寻找避难所。退水时，水流归槽带走腐殖质，鱼类回归主流，完成河湖洄游和洲滩湿地洄游的生活史过程。大规模的治河工程建设，包括堤防、护坡和闸坝工程，阻碍了洪水漫溢过程，而不透水的堤防和护岸又阻碍了垂向的渗透性，削弱了地表水与地下水的连通性。以上种种作用导致栖息地条件恶化，水生生物多样性下降。

3.2 河湖连通性调查

3.2.1 地貌-水文调查

地貌调查包括地貌单元统计和河流-湖泊-河漫滩系统地貌动态格局调查。通过现场查勘和卫星遥感图对比分析以及DEM技术手段，调查水系的连通情况，包括河流纵向连续性、河流-河漫滩系统的横向连通性、河流-湖泊连通性，并对连通情况进行综合分析。

在流域尺度上，地貌单元调查包括干流和支流河道、湖泊、大型湿地、故道、河漫滩、河湖间自然或人工通道、堤防、闸坝、农田、村庄、城镇等。

在河流廊道尺度上，需要调查的河漫滩地貌单元有：①牛轭湖或牛轭弯道也称河流故道；②河漫滩水流通道：指在河漫滩上所形成的次级河道；③鬃岗地貌：水流经过弯道时，主流顶冲凹岸，引起滩岸的坍塌后退，环流作用又把底部泥沙搬向凸岸，堆积形成滨河床沙坝，下一次发生洪水时，又引起强烈塌滩，这样会在凸岸形成一组滨河床沙坝，沙坝与沙坝之间在平面上形成完整的弧系，称为河漫滩鬃岗地形；④局部封闭小水域：河漫滩局部低洼地在洪水期得到水源补给，形成局部封闭的水域，如局部沼泽地等区域；⑤自然堤：在滩地临河河沿，沉积下来的泥沙较粗高出附近地面，形成自然堤（滩唇）；⑥湿地；⑦堤防；⑧道路；⑨水产养殖场；⑩农田等。地貌单元调查表见表10.1。

表 10.1　　　　　　　　　　地 貌 单 元 调 查 表

尺度	地貌单元类型	个数	水域面积
流域	干流河道、支流河道、湖泊、水库、湿地、故道、河漫滩、自然或人工河湖连接通道、大型湿地、堤防闸坝设施等		
河流廊道	干流河道、故道、河漫滩水流通道、鬃岗地貌、沼泽洼地、湿地、堤防闸坝设施、农田、养殖场、村庄等		

河湖水系连通状况可分为常年连通和间歇性连通两类。由于年内水文周期性变化包括汛期涨水-退水过程，使得一部分河湖水系之间连通性呈现间歇性状态。另外，出于防洪和引水需要调控闸坝，也会使河湖水系之间呈现间歇性连通状态。故应按丰水期和枯水期两种情况调查连通性，并且在间歇性连通中区分自然原因还是人为原因。河湖水系连通方式分为单向、双向和网状连通三类。河流-湖泊连通性调查表见表10.2。

湖泊、干流、支流、故道、洲滩湿地的面积都随水文周期发生变化，形成河-湖泊系统和河流-滩区系统的动态空间格局，这种动态空间格局形成了多样化的栖息地，满足多种生物物种生活史的生境需求。动态空间格局可用丰水期和枯水期的空间格局代表。空间格局调查项目重点是在丰水期和枯水期湖泊、湿地以及河漫滩的水位和面积及其变化率，变化率可以反映栖息地多样性程度以及洪水脉冲作用强度，见表10.3。

表10.2　　　　　　　　　　　　　河流-湖泊连通性调查表

湖泊名称	面积	容积	历史连通特征										阻隔原因	
			湖泊面积	湖泊容积	进水通道	出水通道	连通方向			连通延时		换水周期	自然	人为
							单	双	网	常年	间歇			

表10.3　　　　　　　　　　　　　河湖水系动态格局调查表

	干流流量	湖泊			湿地				河漫滩		
		水位	面积	连通状况	水位	地下水位	面积	连通状况	水位	水域面积	连通状况
丰水期											
枯水期											
变化率											

3.2.2　生物及栖息地调查

一般来说，生物调查内容包括浮游植物、藻类、大型水生植物、湿生植物、底栖动物和鱼类。本节重点介绍与河湖水系连通密切相关的生物及栖息地调查，包括洄游鱼类及栖息地、植物群落及其栖息地调查和水鸟及其栖息地调查（表10.4）。

洄游鱼类调查包括洄游鱼类种类，对应生活史阶段不同水域的洄游通道类型。河流鱼类栖息地不仅提供鱼类的生存空间，同时还提供满足鱼类生存、生长、繁殖的全部环境因子，如水温、地形、流速、pH值、饵料生物等。鱼类栖息地包括其完成全部生活史过程所必需的水域范围，如产卵场、索饵场、越冬场，需要调查其位置和面积。

河漫滩及湿地大多属水陆交错地带，生境条件多样，植被类型丰富。调查重点是：①湿地景观格局变化；②湿地植被群落结构变化，包括当地物种和外来物种增减状况以及植被生物量变化。

水鸟及其栖息地状况，包括水鸟数量特别是国家一、二类保护水鸟数量动态变化以及物种组成变化。

表10.4　　　　　　　　　　　　　生物及栖息地调查表

丰度/物种多样性	洄游鱼类及其栖息地						植物群落及其栖息地				水鸟及其栖息地		
	洄游类型/通道位置/长度			栖息地位置/面积			湿地		滩地		总数量	栖息地	
	河-湖	河-滩	干-支	产卵场	育肥场	索饵场	类型/组成/密度	面积	类型/组成/密度	面积/覆盖比例		位置	面积

3.3 连通性分析

3.3.1 历史对比

可以把我国 20 世纪 50 年代的河湖水系连通状况作为参照系，将现状与之对比，识别河湖水系连通性的变化趋势。对比内容可参照表 10.2，目的是掌握历史上河湖水系连接通道状况以及湖泊、湿地面积变化。

3.3.2 河湖水系阻隔成因分析

在历史对比的基础上，进一步分析江湖水系阻隔的原因。通过分析识别是自然因素还是人为因素所致。自然原因包括泥沙淤积阻塞连接通道；河势演变形成牛轭湖（故道）脱离干流；受气候变化，受降雨量减少影响径流量减少，干流水位持续下降，改变了河湖连通关系。人为因素有多种，包括：①围垦建圩、阻隔河湖，引起湖泊面积缩小及湖泊群的人工分割；②通过闸坝控制、切断湖泊与干流的水力联系；③水库下泄清水冲刷、下切河道，改变河湖高程关系；④农田、道路、建筑物侵占滩地；⑤缩短堤距，隔断主流与滩区的水力联系。

3.3.3 生态服务功能评价

在历史对比的基础上，建立生态服务功能评价体系，评价由于江湖水系阻隔造成的生态服务功能损失。在连通性问题中，评价江湖水系阻隔造成的洄游鱼类和底栖动物的生物群落类型、丰度和物种多样性退化；鱼类栖息地个数变化以及洲滩湿地和河漫滩植被类型、组成和密度变化；珍稀、濒危和特有生物风险。机理分析方面，不仅要评价水面面积缩小的生态影响，还应分析水动力学条件改变导致激流生物群落向静水生物群落演替影响，以及洪水脉冲作用削弱对于生物物种多样性的影响。在此基础上，进而分析包括供给、支持、调节和文化功能在内的河湖生态系统生态服务功能的降低程度。

3.3.4 综合影响评价

河湖水系阻隔不仅影响生态系统健康，还会对防洪、供水、环境产生不利影响。河湖阻隔或缩窄堤距，不仅降低了湖泊或河漫滩所具备的蓄滞洪能力，还导致洪水出路不畅，增加了洪水风险。河湖水系阻隔也不利于流域和区域的水资源优化配置。由于湖泊失去与河流的天然水力联系，湖泊换水周期延长，湖泊湿地对污染物的净化功能和水体自净功能下降，加重湖泊水质恶化。湖泊水体流动缓慢也易形成富营养化条件。所以应对河湖水系阻隔对生态、防洪、供水和环境的影响做出综合定量评价。

3.4 恢复河湖连通性规划准则和措施

在连通性调查分析的基础上，制定恢复河湖连通规划并采取必要的工程和非工程措施。

3.4.1 规划准则

（1）将流域作为恢复河湖水系连通性规划的空间单元。流域不仅是水文学最重要的空间单元，也是陆地生态学最重要的空间单元之一。不少水生生物物种、种群常以流域或子流域分类划分，而河流生态因子包括景观异质性、植被格局等，都与水文过程密切相关，这些生态过程所涉及的范围，与水文过程的范围往往在流域尺度内相重合。一般来说，恢复河湖水系连通性应在流域范围内进行规划。至于跨流域水系连通，则属于跨流域调水工程范畴，其生态环境影响和社会经济复杂性远远超过流域内的河湖连通问题，需要深入论证和慎重决策。本节不涉及跨流域连通问题。

需要在流域尺度下，综合进行河湖水系连通性空间景观格局配置，包括河湖连接通道布置，干流、支流、湖泊、河滩、湿地、沼泽、牛轭湖、植被群落以及城镇、农田的空间格局合理配置。合理规划国土功能，恢复湖泊、湿地水面面积，实施退田还湖和退渔还湖，清理河道行洪障碍物，保持河漫滩的有效宽度。以斑块-廊道-基底模式的空间景观理论为基础，合理规划各类斑块的数量、几何特征和性质，发挥河流廊道的功能，处理好河流-湖泊间"源"与"汇"的耦合关系，以实现生态服务功能的最大化。

（2）恢复河湖水系连通性规划应与流域综合规划相协调，发挥河湖水系连通的综合功能。流域综合规划是流域水资源战略规划。恢复河湖水系连通性规划应在综合规划的原则框架下，成为水资源配置和保护方面的专业规划。

恢复河湖水系连通性规划除了论证恢复连通性的生态修复功能以外，还需论证恢复连通性在水资源配置、水资源保护和防洪抗旱方面的作用。通过河湖水系连通和有效调控手段，实现流域内河流-湖泊间的水量调剂，枯水季向湖泊补水，优化水资源配置。还需论证恢复连通性对于提高水体的自净功能，改善湖泊水动力学条件，防止富营养化方面的作用。另外在汛期与河流自然连通的湖泊、湿地、河漫滩能够发挥蓄滞洪作用，降低洪水风险。河湖水系连通性恢复，也会改善规划区内自然保护区和重要湿地的水文条件，提高规划区内城市河段的休闲文化功能。

（3）以历史连通状况和水文-地貌特征为理想状况确定改善连通性目标。自然河湖水系连通格局有其天然合理性。这是因为在人类生产活动尚停留在较低水平的条件下，主要靠自然力的作用，河流与湖泊洲滩湿地维系着自然水力联系，形成了动态平衡的水文-地貌系统。由于来水充足湖泊具有足够的水量，湖泊吞吐河水保持周期涨落的规律；洲滩湿地在河流脉冲式洪水作用下吸纳营养物质促进植被生长。湖泊湿地与河流保持自然水力联系，不仅保证了河湖湿地需要的充足水量，而且周期变化的水文过程也成为构建丰富多样栖息地的主要驱动力。

考虑到经过几十年的开发改造，加之气候条件的变化，河湖水系的水文、地貌状况已经发生了重大变化，完全恢复到大规模河湖改造和水资源开发前的 20 世纪 50 年代的连接状况几乎是不可能的。只能以自然状况下的河湖水系连通状况作为参照系统，立足现状，制定改善连通性规划。具体可取 20 世纪 50 年代的河湖水系连通状况作为理想状况，通过调查获得的河湖水系水文-地貌历史数据，重建河湖水系连通的历史景观格局，以此为参照系统。在此基础上再根据现状水文、地貌条件和生态、社会、经济需求，确定改善连通性目标。

为此，需要建立河湖水系连通状况分级系统（表 10.5）。构建分级系统的一般方法本项目见 3.2 节。在连通性分级系统的要素层包括水文、地貌和生物。以历史自然连通状况为优级，以与理想状况的不同偏差率再划分良、中、差、劣等级。一般情况下，修复定量目标取为良等级。由连通性分级表，就可以获得恢复河湖水系连通工程的定量目标。

表 10.5　　　　　　　　　　　　　连 通 性 分 级 表

等级	水文			地貌		生物			水质
	湖泊水面面积	湿地面积/地下水位	水文过程	景观格局	连接通道	洄游鱼类	鸟类	湿地植物群落	
优									
良									
中									
差									
劣									

(4) 优化河湖水系连通格局，实现生态效益和经济效益最大化。恢复连通性有多种方式。可恢复历史连接通道或根据水文、地貌变化条件辅以新开通道，也可完全新开辟通道。对于已建控制闸坝的湖泊应采取改进调度方式，实施生态调度，增加枯水季入湖水量，满足湖泊湿地生态需水。经过论证也可拆除部分控制闸坝，实现河湖自然连接。

针对几种连通格局方案进行比选，需进行水文学和水力学计算、河势稳定性分析以及河流泥沙动力学计算，在此基础上完成工程设计。采用优化设计方法，进行多目标和多种约束条件的优化分析，重点是成本效益分析。通过优化比选达到生态系统服务功能提高、水资源配置优化、防洪功能提高和水环境改善的目的。

(5) 实施湖泊湿地滩地综合治理，严格控制沿湖沿河的养殖、旅游及房地产开发。恢复河湖水系的连通性仅仅是河湖生态环境保护的措施之一。近十年来的实践经验表明，仅仅依靠增加湖泊水量稀释污染物或提高湖泊水动力学条件，并不能根本解决湖泊严重污染和富营养化问题。恢复连通性工程还应与湖泊湿地滩地综合治理相结合，标本兼治，达到水资源保护的目的。首先是水污染防治和控制入河入湖污染物总量，实现水功能区达标。此外，不合理的淡水养殖业无序发展，围网围堤侵占大量湖泊水面，向水体大量投放高蛋白饵料、氮肥、磷肥和禽粪，加上产生的鱼虾排泄物，加剧了湖泊水体的富营养化，也大量消耗水生生物，占据其生存空间，使不少湖泊从草型湖泊向藻型湖泊退化。因此应制定法规政策，严格管理沿湖沿河的水产养殖业，实施退渔还湖。

近一、二十年来沿湖沿河的旅游和房地产开发形成热潮，开发旅游度假村、休闲娱乐场所和高档别墅住宅开发持续升温。一些建筑物侵占湖泊河流岸线，不仅成为行洪障碍，还给湖泊河流生态系统带来干扰，导致湖泊湿地退化。应划定湖泊和河流岸线，明确管理责任主体和权限，严格控制沿湖沿河的旅游和房地产开发，防止湖泊、河流的人工化、园林化和商业化。

(6) 恢复河湖水系连通性应与河流湖泊生态修复相结合，实施一体化生态修复。作为河流生态修复措施之一，恢复河湖水系连通性应与河湖生态修复综合措施相结合，实施一体化修复。修复的重点是水文条件、地貌条件、水体物理化学特征和生物状况四个方面。其中地貌修复方面，实施三维连通性修复，即顺水流纵向的连续性、河流侧向的连通性和垂向的渗透性。在河流形态修复方面，重视河流蜿蜒性，即形成深潭-浅滩序列。

（7）风险分析。河湖水系连通性恢复工程在带来多种效益的同时，也存在着诸多风险。这些风险可能源于连通工程规划本身，也可能来自于工程管理调度不当或气候变化、超标洪水等外界因素。这些风险包括洪水风险、污染转移、外来生物入侵、底泥污染物释放、有害细菌扩散以及血吸虫病传播等。特别是在全球气候变化的大背景下，极端气候频发，造成流域暴雨、超标洪水、高温、冻害以及次生的山体滑坡、泥石流等自然灾害，不可避免地对恢复连通性工程构成威胁。因此，在规划设计阶段，必须进行风险分析，充分论证各种不利因素和工程负面影响，制定适应性管理预案，应对不测事件。

3.4.2 恢复连通性措施

恢复连通性措施包括工程措施和非工程措施两类。工程措施包括：①连接通道的开挖和疏浚；②拆除控制闸坝，退渔还湖，退田还湖，恢复湖泊湿地河滩；③拆除岸线内非法建筑物、道路改线；④清除河道行洪障碍，扩大堤防间距，加宽河漫滩；⑤建设洄游鱼类的过鱼设施；⑥生物工程措施，包括人工适度干预，恢复湖泊天然水生植被，提高湖泊水生植物覆盖率。

非工程措施包括：①改进已建河湖连通控制闸坝的调度运行方式，制定运行标准，保障枯水季湖泊、湿地的水量；②建立湖泊健康评价标准，科学确定湖泊生态需水；③依据湖泊生态承载能力，划定环湖岸带生态保护区和缓冲区范围，明确生态功能定位；④实施流域水资源综合管理，对河流、湖泊、湿地、河漫滩实施一体化管理，建立跨行业、跨部门协商合作机制，推动社会公众参与；⑤建设生态监测网，开展河湖水系连通性和水文-地貌-生物状况定期评价。

3.5 恢复连通性工程效果评估

恢复河湖水系连通性工程项目完工后，需要进行项目效果的后评估。在工程运行期间，这种评估工作应长期进行，目的是通过综合评估改善流域管理工作。为此需建立效果评估指标体系。考虑到在一般情况下，恢复河湖水系连通性工程不是单一目标的工程，往往结合河道及湖泊生态修复和环境综合治理统筹开展。因此，评估指标体系中除了连通性评估以外，还包括其他重要生态要素和指标。

3.5.1 恢复河湖连通工程效果评估

河湖连通性评估体系表（表 10.6）。生态要素层包括地貌形态、水文、水环境和生物状况四大类，评估项目共 12 项，每项对应有评估指标、历史状况、生态修复措施、指标赋值和分级标准等。

依据调查的历史状况数据，给各项评估指标赋值，构成评估体系的参照系统，成为"优"等。根据对应各项指标的现实监测数据与优等比较的偏差率，确定各评估项目的现实等级。如设定 5 个等级，可以设定偏差率分别为 80%、70%、60%、50%。例如，湖泊面积历史数据为 100km^2，恢复连通后为 80km^2，等级定为"良"。需要指出的是，评估湿地面积时应注意，处于正向演替过程中的湖泊，往往是水域面积持续缩小，而湿地面积不断扩张。在评估中，二者此消彼长的关系要具体分析。另外，水功能区已经有达标评价标准，可以此确定等级。可以采取逻辑树、一票否决等方法计算综合评估等级。

表10.6 河湖连通性评估体系表

要素	地貌单元/科目	编号	评估内容/指标	生态修复		评估指标赋值/分级标准	等级
				历史状况	措施		
地貌形态	湖泊	1	水面面积	水面面积	连通、疏浚、退田还湖、退渔还湖、清理违章建筑、改进调度方式	与历史状况偏离率	
		2	换水周期	换水周期	连通、疏浚	与历史状况偏离率	
		3	连接延时	连接延时	连通、疏浚	与历史状况偏离率	
	湿地	4	面积	面积	恢复植被、改善水文条件	与历史状况偏差率	
		5	地表/地下水位	地表/地下水位	改善水文条件	与历史状况偏差率	
		6	连通状况	连通状况	连通、疏浚	与历史状况偏差率	
水文	径流	7	湖泊湿地需水	自然连通、自然水文过程	连通工程、疏浚、改善现存闸坝调度	与历史状况偏差率	
	洪水脉冲	8	年流量过程变化率	洪水脉冲过程	连通、改善现存闸坝调度方式	与历史状况偏差率	
水环境	水功能区	9	水功能区达标	历史水质	污染治理、水产养殖管理、风景区环境管理、采砂生产管理、生物治污工程	水功能区达标率	
生物	洄游鱼类	10	类型、丰度、物种多样性、"三场"数量	历史洄游鱼类状况	栖息地加强措施、生物操纵技术	与历史状况偏差率	
	水鸟	11	总量、栖息地数量	历史鸟类状况	栖息地加强措施	与历史状况偏差率	
	植被群落	12	类型、组成、密度	以水生植被为主的历史状况	采取生物调控措施，恢复以水生植物为主的群落结构	与历史状况偏差率	

3.5.2 恢复河流-河漫滩连通性工程效果评估

恢复河流-河漫滩连通性工程效果评估体系表见表10.7。生态要素层包括地貌形态、水文、水环境和生物状况四大类，评估项目共18项。可依据调查所得历史状况数据，给各项评估指标赋值，构成评估体系的参照系统，按照与历史状况的偏离率确定各项评估等级。

表 10.7　　　　　恢复河流-河漫滩连通性工程效果评估项目

要素	地貌单元/科目	编号	评估项目	特征/指标 历史状态	特征/指标 人工开发改造/影响	修复后指标	评估等级
地貌形态	河道	1	河流平面形态	蜿蜒、辫状或网状	裁弯取直		
地貌形态	河道	2	横向连通性	洪水侧向漫溢	缩窄堤防间距、倾倒渣土		
地貌形态	河道	3	纵向连续性	纵向水力连续	闸、坝、堰数量/密度		
地貌形态	河道	4	垂向渗透性	河床底质为砂砾石、粗细砂等	混凝土、浆砌石		
地貌形态	河道	5	河势稳定性	河势自然摆动	治河工程 稳定河势		
地貌形态	河道	6	岸坡防护	天然材料	混凝土、浆砌石		
地貌形态	滩区	7	宽度、面积维持	自然状态滩区尺度	农田、道路、房地产开发、旅游休闲设施侵占滩区		
地貌形态	滩区	8	景观多样性	洲滩、湿地、沼泽、水塘	人工园林化景观		
地貌形态	滩区	9	自然保护区	重要自然保护区和湿地	重要自然保护区和湿地达标率		
地貌形态	滩区	10	采砂生产	自然河势、深潭-浅滩序列	影响河势和栖息地质量		
水文	径流	11	年内径流状况	自然径流过程	因过度取水和径流调节引起断流和间歇式径流		
水文	生态需水	12	生态基流/敏感期生态需水	自然水流过程	生态基流和敏感期生态需水满足程度		
水文	洪水脉冲	13	洪水脉冲过程及功能	洪水淹没滩区水文过程及生物过程	因引水和径流调节，降低年水文过程变幅降低		
水环境	水功能区	14	水功能区		水功能区达标率		
水环境	面源污染	15	水产养殖业管理		水产养殖业管理达标率		
水环境	农村环境	16	农村污水厕所垃圾管理		农村污水厕所垃圾管理达标率		
生物	滩区植被	17	植被恢复	生物群落多样性	植被覆盖比例，物种组成和密度		
生物	生物群落	18	珍稀、濒危、特有物种	物种多样性保护	数量、栖息地		

项目10　河湖水系连通

4　引导问题

清水河与周边河湖水系存在哪些潜在水系连通。

5　工作任务

清水河水系连通调查与评价

6　实施过程

（1）连通性调查。结合表 10.1～表 10.4 对清水河连通情况进行调查分析。

（2）连通性评价。结合表 10.5 填写连通性分级表。

7 评价反思

(1) 水系连通对构建我国安全水网格局意义。

(2) 学习心得体会总结。

(3) 教师点评。

参 考 文 献

[1] 曹文宣. 三峡工程对长江鱼类资源影响的初步评价及资源增殖途径的研究 [C] //长江三峡工程对生态与环境及其对策研究论文集. 北京：科学出版社，1987，15-16.

[2] 陈凯麒，常仲农，曹晓红. 我国鱼道的建设现状与展望 [J]. 水利学报，2012，43（2）：182-189.

[3] 索丽生，刘宁. 水工设计手册：征地移民、环境保护与水土保持：第3卷 [M]. 2版. 北京：中国水利水电出版社，2013.

[4] 崔奕波，李钟杰. 长江流域湖泊的渔业资源与环境保护 [M]. 北京：科学出版社，2005.

[5] 董哲仁，张晶. 洪水脉冲的生态效应 [J]. 水利学报，2009，(3)：281-288.

[6] 董哲仁. 河流生态修复的尺度、格局和模型 [J]. 水利学报，2007，(1)：1476-1481.

[7] 董哲仁. 河流形态多样性与生物群落多样性 [J]. 水利学报，2003，(11)：1-6.

[8] 董哲仁. 生态水工学探索 [M]. 北京：中国水利水电出版社，2007.

[9] 董哲仁. 生态水利工程原理与技术 [M]. 北京：中国水利水电出版社，2007.

[10] 傅伯杰，陈利顶，马克明，等. 景观生态学原理及应用 [M]. 北京：科学出版社，2001.

[11] GRIFFITHS M，TORENBEEK R，SPOONER S，et al. 欧洲生态和生物监测方法及黄河实践 [M]. 黄河流域水资源保护局，译. 郑州：黄河水利出版社，2012.

[12] 国家林业局，等. 湿地恢复手册：原则、技术与案例分析 [M]. 北京：中国建筑工业出版社，2006.

[13] 何萍，史培军，刘树坤，等. 河流分类体系研究综述 [J]. 水科学进展，2008（19）：434-442.

[14] 刘建康. 高级水生生物学 [M]. 北京：科学出版社，2006.

[15] 妮可·思科，克里斯汀·斯如娜主编. TNC自然保护丛书：淡水生物多样性保护工作实践指南 [M]. 朱琳，刘林军，译. 北京：中国环境科学出版社，2010.

[16] 倪晋仁，马蔼乃. 河流动力地貌学 [M]. 北京：北京大学出版社，1998.

[17] 钱宁，张仁，周志德. 河床演变学 [M]. 北京：科学出版社，1987.

[18] 索丽生，刘宁. 水工设计手册：混凝土坝：第5卷 [M]. 2版. 北京：中国水利水电出版社，2011.

[19] 王超，王沛芳，侯俊，等. 流域水资源保护和水质改善理论与技术 [M]. 北京：中国水利水电出版社，2011.

[20] 王光谦，欧阳琪，张远东，等. 世界调水工程 [M]. 北京：科学出版社，2009.

[21] 王浩，严登华，贾仰文，等. 现代水文水资源学科体系及研究前沿和热点问题 [J]. 水科学进展，2010（4）：479-489.

[22] 王俊娜，董哲仁，廖文根，等. 美国的水库生态调度实践 [J]. 水利水电技术，2011，42（1）：15-20.

[23] 张光斗，王光纶. 专门水工建筑物 [M]. 上海：科学技术出版社，1999.

[24] 长江流域水资源保护局译. 从海洋到河源：欧洲河流鱼类洄游通道恢复指南 [M]. 武汉：长江出版社，2011.

[25] 赵进勇，董哲仁，翟正丽，等. 基于图论的河道-滩区系统连通性评价方法 [J]. 水利学报，2011，(42)：537-543.

[26] 赵进勇，董哲仁，孙东亚，等. 河流生态修复负反馈调节规划设计方法 [J]. 水利水电技术，2010，(41)：10-14.

[27] 赵进勇，孙东亚，董哲仁. 河流地貌多样性修复方法 [J]. 水利水电技术，2007（2）：78-83.

[28] ANGRADI T R. Environmental monitoring and assessment program：great river ecosystems [M].

U. S. Washington D C: Environmental Protection Agency, 2006.

[29] BROOKES A, SHIELDS F D. River channel restoration: guiding principles for sustainable projects [M]. Chichester, England: John Wiley & Sons Ltd, 1996.

[30] COMMITTEE ON RIVER SCIENCE AT THE U. S. GEOLOGICAL SURVEY, NATIONAL RESEARCH COUNCIL. River science at the U. S. geological survey [M]. Washington, D. C: National Academies Press, 2007.

[31] CROWDER A, DIPLAS P. Using two-dimensional hydrodynamic models at the scales of ecological importance [J]. Journal of Hydrology, 2000, 230 (3-4): 172-191.

[32] ENVIRONMENT AGENCY. River Habitat Survey: 1997 Field Survey Guidance Manual, Incorporating SERCON [R]. Center for Ecology and Hydrology, National Environment Research Council, UK. 1997.

[33] EUROPA. The EU Water Framework Directive - integrated river basin management for Europe [R]. The European Union Online, 2003.

[34] EUROPEAN COMMISSION, DIRECTIVE 2000/60/EC. Establishing a framework for community action in the field of water policy [M]. Luxembourg: European Commission, 23-24.

[35] FEDERAL INTERAGENCY STREAM RESTORATION WORKING GROUP. Stream Corridor Restoration: Principles, Processes, and Practices. NISR Working Group, Part 653 of National Engineering Handbook [M]. Washington, DC: USDA - Natural Resources Conservation Service, 2001.

[36] FOOD AND AGRICULTURE ORGANIZATION OF THE UNITED NATIONS. Fish passes: Design, dimensions and monitoring [M]. FAO, 2002.

[37] FOOD AND AGRICULTURE ORGANIZATION OF THE UNITED NATIONS. Fish passes: Design, dimensions and monitoring [M]. FAO, 2002.

[38] FRANKLIN P, DUNBAR M, WHITEHEAD P. Flow controls on lowland river macrophytes: a review [J]. Science of The Total Environment, 2008, (400): 369-378.

[39] GAO Y X, VOGEL R M, KROLL C N, et al. Development of representative indicators of hydrologic alteration [J]. Journal of hydrology, 2009, 374 (1-2): 136-147.

[40] GILVEAR D, BRYANT R. Analysis of aerial photography and other remotely sensed data [J] //In Kondolf G M, Piégay H eds. Tools in Fluvial Geomorphology [M]. Chichester, UK: John Wiley & Sons, 2003, 135-170.

[41] RICHARD H E, LAMBERTI G A. Methods in stream ecology [M]. Amsterdam: Elsevier, 2007.